城市滨水区

生态景观设计详解

谈 祥　陈晓虎　王 莉
邓 萌　张佳蕊 ◎ 著

河海大学出版社
HOHAI UNIVERSITY PRESS
·南京·

图书在版编目(ＣＩＰ)数据

城市滨水空间生态景观设计详解 / 谈祥等著. -- 南京：河海大学出版社，2023.8
ISBN 978-7-5630-8317-6

Ⅰ. ①城… Ⅱ. ①谈… Ⅲ. ①城市—理水（园林）—景观设计 Ⅳ. ①TU986.4

中国国家版本馆 CIP 数据核字(2023)第 158476 号

书　　名	城市滨水空间生态景观设计详解	
书　　号	ISBN 978-7-5630-8317-6	
责任编辑	龚　俊	
文字编辑	陈晓灵	
特约校对	梁顺弟　丁寿萍	
封面设计	槿容轩　张育智　吴晨迪	
出版发行	河海大学出版社	
地　　址	南京市西康路 1 号（邮编：210098）	
电　　话	(025)83737852(总编室)　(025)83787600(编辑室)	
	(025)83722833(营销部)	
经　　销	江苏省新华发行集团有限公司	
排　　版	南京布克文化发展有限公司	
印　　刷	广东虎彩云印刷有限公司	
开　　本	787 毫米×1092 毫米　1/16	
印　　张	14.75	
字　　数	318 千字	
版　　次	2023 年 8 月第 1 版	
印　　次	2023 年 8 月第 1 次印刷	
定　　价	98.00 元	

序

Preface

　　水是城市的灵魂,独具特色的滨水空间往往是一座城市的亮丽名片。滨水空间是城市中最具灵气和生命力的公共开放区域,它视野开阔并且富含负离子,是市民放松精神、休闲娱乐的绝佳场所。随着我国城市化进程的加快,城市人口快速增加,在曾经一段时间内,滨水空间的开发建设主要以满足防洪除涝、营造城市景观等基本功能为主,忽视了人水和谐、生态保护与文脉传承。进入21世纪之后,生态文明建设上升到了国家战略层面,人们逐渐意识到滨水空间是现代都市中非常稀缺的资源,也是城市生态系统中最为复杂和敏感的区域,它不但需要满足城市基本的功能要求,其本身也应该是一个健康可持续的生态系统。如何从生态系统的高度来统筹协调城市滨水空间的各项功能,打造独树一帜的滨水生态景观,需要业界人士进行不断的研究和探索。

　　由上海汀滢环保科技有限公司谈祥、陈晓虎、王莉等编著的《城市滨水空间生态景观设计详解》一书,积极倡导生态优先理念,很好地响应了国家生态文明建设的总体要求。此书从生态水文学、景观生态学、可持续发展等基础理论出发,总结了他们在滨水空间生态景观建设方面十几年的实践成果和探索经验,涉及防洪除涝、生态景观、海绵城市、水环境治理和水生态修复等多个专业领域。此书以问题为导向,坚持系统思维,总结提炼出城市滨水空间生态景观设计的基本原则。在设计要点方面,力求突破工程思维局限,重视人与自然的和谐共处,突出了生物多样性保护的具体途径和措施,包括对植物群落的优化,对底栖动物和鸟类等的招引和保护等,具有很强的针对性和实用性。

　　目前,关于城市滨水空间生态景观方面的论著多集中在陆域景观方面,将生态景观与传统水利、水环境、水生态和海绵城市相结合的专著尚不多见。全书结构合理,行文流畅,图文并茂,可读性强。希望此书的出版,可以为业界提供有益的参考,能够更好地促进我国城市滨水空间生态景观的开发建设,特此为序。

夏军

2023 年 3 月 18 日

前　言

Preface

　　《管子·乘马》有云："凡立国都，非于大山之下，必于广川之上；高毋近阜，而水用足；下毋近水，而沟防省。"这段话是对中国古代城市选址的精辟论述。人类文明的发展史是与河流紧密联系在一起的，尼罗河孕育了古埃及，古巴比伦位于两河流域，古印度拥有恒河和印度河，中国的母亲河则是黄河与长江。人类自古以来就喜欢择水而居，依水建城，滨水区域往往是一个城市乃至一个国家最早的发展区域，像居住、交易、娱乐这样的设施一般都是在这个区域先形成初级规模，然后再向外围不断扩大。宋代画家张择端的《清明上河图》向我们生动地展示了900多年前汴梁城内、城外滨水区域生机勃勃的生活和商业氛围。

清明上河图（局部）

　　江南水乡古镇是中国非常具有代表性的滨水公共空间，在交通不发达的古代，纵横密集的水网特别有利于商品的运输和商业的发展，这些城镇的水陆结合处往往成为市集中最热闹的地方，例如苏州周庄、浙江乌镇和西塘等。在国外，因水而闻名于世的城市有意大利威尼斯、荷兰阿姆斯特丹、美国长岛和澳大利亚黄金海岸城等，它们风格鲜明、独树一帜，极具特色。也许正如科学家所推测的那样，人是由鱼进化而来的，人类亲水是天生的，除了在物质方面的创造，亲水天性也深刻影响了人类的精神世界，我们中国人对于水更是寄托了非常多的情感，《道德经》上说"上善若水"，《论语》上讲"智者乐水，仁者乐山"，古诗《天净沙·秋思》中描绘："枯藤老树昏鸦，小桥流水人家"，意境之美，有如身临其境，令人回味无穷。我们大部分人的内心都是渴望亲近水的，在河边散散步，感受微风拂面的那种惬意,对于生活在都市里的居民来说,是非常难得的身心放松时刻。近几十年来,一方面随着中国城市化进程的不断加快,高楼大厦拔地而起,马路越修越宽;另一方面许多问题相伴而生,令人忧心。例如,①大量河湖被无序填埋,城市水面率急剧下降,遇到暴雨时常常内涝严重,导致"城市看海";②由于城市河道的主要功能被定位为防洪除涝,"裁弯取直"成为"优选方案",钢筋混凝土硬质结构被大量采用,河道失去了原本应有的自然形态,生态功能遭到忽视和破坏;③河湖的污染问题越来越严重,工业、生活废水直排现象屡见不鲜,造成河湖富营养化甚至黑臭,让人望而却步,记忆中亲水的美好场景似乎正与我们渐行渐远。值得庆幸的是,进入21世纪之后,生态文明建设上升到了国家战略层面,"金山银山不如绿水青山,绿水青山就是金山银山",我们理想中的未来城市绝不是"赛博朋克"电影中那种冷冰冰的机器和硬邦邦的钢筋混凝土丛林。与此同时,国人保护生态环境的意识也已经大大增强,城市水环境的改善迫在眉睫,必须重新打开滨水空间,让城市里的人们能够直接走到水边,人类的亲水天性需要再次得到释放。

正确打开滨水空间,为人民群众打造休闲娱乐的美好场所,给城市增添独特魅力,这是一件意义非凡的事情。在新的历史发展阶段,滨水空间的规划设计需要纳入生态理念,不但能为人类,也能为动植物提供栖息、迁移和繁衍的空间,使人与自然和谐共处,实现可持续性的发展。本书从生态、景观、水利、市政、人文等多个专业领域入手,探讨了进行城市滨水空间景观生态设计的原则和方法,详细剖析并总结了各专业领域的设计要点。专业的划分是我们用来理解和分析世界的一种方式,但不应成为割裂客观事物和生态系统的思维局限。笔者非常希望这本书能够在促进各专业设计人员之间的相互理解方面起到积极的作用,例如,水利专业的工程师能够清楚景观设计师的意图,景观设计师能够充分了解生态设计人员的工作,各专业只有在相互理解的前提下才能实现真正的协同合作,进而打造出优秀的滨水空间生态景观作品。本书在理论剖析与总结的同时,搜集了一些国内外优秀的滨水空间案例,提炼出其中的关键要素和成功做法,为类似城市滨水空间的打造提供思路和参考。就目前而言,生态与传统工程的结合还缺乏足够成熟的实践经验,而且无论生态、水利、市政还是景观专业,都是非常复杂的知识体系,人文专业更是博大精深,浩如烟海。因此,本书所述内容及方法还需要进一步的深入研究和不断实践,书中难免存在疏漏之处,恳请广大读者和同仁批评指正。

谈 祥

2022年12月30日于上海宏波工程咨询管理有限公司青浦总部

目　录

Contents

第1章

珍贵的城市滨水空间

1.1 滨水空间的定义

城市滨水空间是指城市中陆域与水域交接的区域,它包括一定的水域宽度和与水体邻近的城市陆域宽度,它既是陆地的边缘,又是水体的边缘。城市中的水体包括河湖等多种类型,根据《城市水系规划规范》(GB 50513—2016)中的定义,城市水系是指城市规划区内各种水体所构成的脉络相通的系统的总称,但不包括仅用于企业生产及运行过程中的水体。水是城市的灵魂,城市河湖水系构成了一座城市的基本骨架,例如,上海市水系分布见图 1.1-1,武汉市水系分布见图 1.1-2。可以看出,各个城市的水系分布形态都

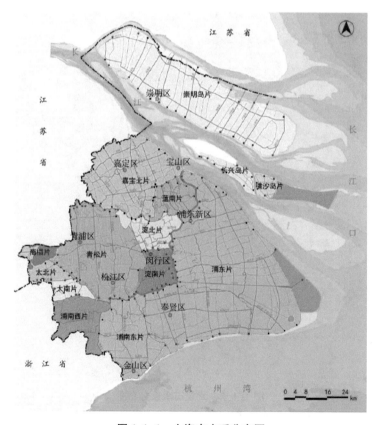

图 1.1-1 上海市水系分布图

是独一无二的,就如同人的指纹,这种唯一性在很大程度上决定了一座城市的独特气质。

　　城市滨水空间属于城市公共开放空间,它既是自然生态系统和人工建设系统的融合,也是水域和陆域空间内自然与人文各要素的综合,概括来说,它是"人—城市—自然"三者交汇的承载体。城市滨水空间是非常珍贵的,这在很大程度上取决于它的稀缺性。20世纪美国后现代主义建筑设计师典型代表之一的查尔斯·摩尔曾经说过:"滨水地区是一个城市非常珍贵的资源,也是对城市发展富有挑战性的一个机会,它是人们逃离拥挤的、压力锅似的城市生活的机会,也是人们在城市生活中获得呼吸清新空气的疆界的机会。"独具特色的滨水空间是城市的亮丽名片,它能够为城市生活注入巨大的活力,是历史文化重要的空间载体。滨水空间在城市规划与设计中具有重要意义,世界各个毗邻水体的都市都非常重视对滨水空间的开发建设,被大家熟知的有上海外滩、巴尔的摩内港、芝加哥海军码头、纽约长岛猎人角南海滨公园等,这些优秀的滨水空间作品早已成为城市的"形象代言人"。见图 1.1-3 至图 1.1-6。

图 1.1-2　武汉市水系分布图

图 1.1-3　上海外滩

图 1.1-4　巴尔的摩内港

图 1.1-5 芝加哥海军码头

图 1.1-6 纽约长岛猎人角南海滨公园(图片来自木藕设计网)

1.2　滨水空间构成要素

1.2.1　空间范围

国外对滨水空间范围的研究和界定相对比较早,美国曾在《沿岸管理法》和《沿岸区管理计划》中,将滨水区的空间范围界定为"水域部分包括从水域到临海部分,陆域部分包括从内陆 100 英尺(约为 30.5 m)至 5 英里(约为 8.1 km)不等的范围,或者一直到道路干线"。可以看出,30.5 m 到 8.1 km 是一个非常大的弹性范围,因此这个空间范围的定义是非常宽泛的。

随着中国城市化进程的加速,国内不少学者也陆续对滨水空间范围进行了研究。例如金广君[1]认为,城市滨水区是指城市范围内水域与陆地相接的一定范围内的区域,其特点是水与陆地共同构成环境的主导要素。郭红雨[2]对滨水区的空间范围界定是"城市滨水区包括 200～300 m 的水域空间及与之相邻的城市陆域空间,其对人的吸引距离为 1～2 km,相当于步行 15～30 min 的距离范围"。王建国[3]则提出可根据具体开发建设项目的范围确定滨水区的概念,并且指出城市滨水区概念还应包含人的心理感受范畴。

从"水域本体"向"水陆统筹"转变,由"水利工程设计"向"整体空间设计"转变,是《上海市河道规划设计导则》(以下简称《导则》)中提出的滨水空间设计理念,《导则》认为,设计要素包括水域空间和陆域空间,其中陆域空间范围原则上为沿河第一街坊,包括滨水空间、市政道路、建筑前区、建筑四部分,具体详见图 1.2-1。

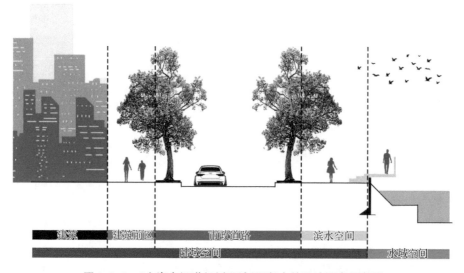

图 1.2-1　《上海市河道规划设计导则》中的设计要素示意图

不同城市和地区之间的差异性很大,而且每座城市不同区域的滨水开发需求也各不相同,滨水空间的规划设计范围难以进行统一的界定,不过将滨水空间开发与城市规划建设紧密联系是基本的原则,因此,一般情况下都会将一定的陆域扩展用地纳入研究体系。本书将主要从生态保护廊道和"三区五线"城市规划控制两个方面对滨水空间研究设计的具体范围进行探讨。

1.2.1.1 生物保护廊道宽度

根据朱强等[4]在《景观规划中的生态廊道宽度》中的研究成果,生物保护廊道适宜宽度可参见表 1.2-1,适合生物多样性发展的生物保护廊道宽度范围是 100~200 m,基本满足动物迁移和传播以及生物多样性保护的功能宽度是 30~60 m。根据《城市水系规划规范》(GB 50513—2016)第 5.4.1 条规定,滨水区规划布局应有利于城市生态环境的改善,以生态功能为主的滨水区,应预留与其他生态用地之间的生态连通廊道,生态连通廊道的宽度不应小于 60 m。

表 1.2-1 生物保护廊道适宜宽度

宽度值(m)	功能及特点
3~12	廊道宽度与草本植物和鸟类物种多样性之间相关性接近于零;基本满足保护无脊椎动物种群的功能
12~30	对于草本植物和鸟类而言,12 m 是区别线状和带状廊道的标准。12 m 以上的廊道中,草本植物多样性平均为狭窄地带的 2 倍以上;12~30 m 的廊道中,包含草本植物和鸟类边缘种,但多样性较低;满足鸟类迁移;保护无脊椎动物种群;保护鱼类、小型哺乳动物
30~60	含有较多草本植物和鸟类边缘种,但多样性仍然较低;基本满足动物迁移和传播以及生物多样性保护的功能;保护鱼类、小型哺乳、爬行和两栖类动物;30 m 以上的湿地同样可以满足野生动物对生境的要求;截获从周围土地流向河流的 50% 以上沉积物;控制氮、磷和养分的流失;为鱼类提供有机碎屑,为鱼类繁殖创造多样化的生境
60/80~100	对于草本植物和鸟类来说,具有较大的多样性和内部种;满足动植物迁移和传播以及生物多样性保护的功能;满足鸟类及小型生物迁移和生物保护功能的道路缓冲带宽度;许多乔木种群存活的最小廊道宽度
100~200	保护鸟类,保护生物多样性比较适合的宽度
≥600~1 200	能创造自然的、物种丰富的景观结构;含有较多植物及鸟类内部种;通常森林边缘效应有 200~600 m 宽,森林鸟类被捕食的边缘效应大的范围为 600 m,窄于 1 200 m 的廊道不会有真正的内部生境;满足中等及大型哺乳动物迁移的宽度从数百米至数十千米不等

注:本表摘自参考文献[4]。

1.2.1.2 "三区五线"城市规划控制

1. 三区

"三区"是指禁建区、限建区和适建区。

禁建区是指基本农田、行洪河道、水源地一级保护区、风景名胜区核心区、自然保护区核心区和缓冲区、森林湿地公园生态保育区和恢复重建区、地质公园核心区、道路红线、区域性市政走廊用地范围内、城市绿地、地质灾害易发区、矿产采空区、文物保护单位保护范围等,禁止城市建设开发活动。

　　限建区是指在水源地二级保护区、地下水防护区、风景名胜区的非核心区、自然保护区的非核心区和缓冲区、森林公园的非生态保育区、湿地公园的非保育区和恢复重建区、地质公园的非核心区、海陆交界生态敏感区和灾害易发区、文物保护单位建设控制地带、文物地下埋藏区、机场噪声控制区、市政走廊预留和道路红线外控制区、矿产采空区外围、地质灾害低易发区、蓄涝洪区、行洪河道外围一定范围内等，限制城市建设开发活动。

　　适建区是指在已经划定为城市建设用地的区域，合理安排生产用地、生活用地和生态用地，合理确定开发时序、开发模式和开发强度。

　　2. 五线

　　"五线"是指绿线、蓝线、紫线、黄线和道路红线。

　　绿线是指城市各类绿地范围的控制线，主要目的是加强城市生态环境建设，创造良好的人居环境。在城市滨水空间的规划建设过程中，城市绿线对保护滨水绿地系统和城市生态环境发挥着重要作用。

　　蓝线是指城市规划确定的江、河、湖、库、渠和湿地等城市地表水体保护和控制的地域界线。城市蓝线以"统筹考虑城市水系的整体性、协调性、安全性和功能性，改善城市生态和人居环境，保障城市水系安全"为主要目的。针对城市建设用地，《城市蓝线管理办法》第十条规定：禁止在城市蓝线内进行"违反城市蓝线保护和控制要求的建设活动"。具体详见图 1.2-2 和图 1.2-3。

图 1.2-2　有堤防的河道蓝线示意图

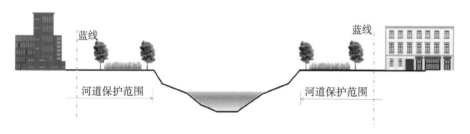

图 1.2-3　无堤防的河道蓝线示意图

　　紫线是指历史文化街区的保护范围界线，以及城市历史文化街区外经县级以上人民政府公布保护的历史建筑的保护范围界线。

　　黄线是指对城市发展全局有影响、必须控制的（建筑退让高压电线以及城市给水、排水、电信、燃气等）城市基础设施的控制界线。

道路红线是指规划城镇道路和公路的路幅边界线，包括按照相关规定两侧应后退的范围线。

此外，朱喜钢等[5]在《〈物权法〉与城市白线制度——城市滨水空间公共权益的保护》中提出，为更好地保护城市日益稀缺的滨水空间资源，应通过建立"城市白线"的规划管理制度，确保城市滨水空间的公共属性，体现优质城市空间资源共享的社会公平性，并提出了"城市白线"的主要规划原则。

（1）根据水体的重要程度，应在垂直岸线的一定距离内划定城市白线，白线范围内为公共开放空间，禁止建造私人用途的建筑。

（2）在明确滨水岸线公共属性法律地位的基础上，按比例规划滨水绿地、通道、公园或休息区，并保证场所具有良好的可进入性。

（3）更新、改造城市传统临水型民居时，要开辟滨水公共廊道空间；对于已经被切割的岸线以及采用封闭式管理的新建社区或私人建筑，应规定其在白线范围内开辟人行通道。

（4）白线范围内开放空间和绿地面积要做到总量达标，缺失面积应在滨水区另作补偿。

（5）城市白线范围应根据水体情况的不同而不同，大体上是城市蓝线范围的两倍左右。

"城市白线"的提出，对于保护滨水空间的公共属性以及体现社会公平具有重要的现实意义，是对城市规划控制体系的有益补充。

1.2.2 构成要素

城市滨水空间主要由三部分组成：陆域、过渡域和水域。

城市滨水空间内的景观可分为三大类：自然景观、人工景观和人文景观。具体详见表 1.2-2。

表 1.2-2 城市滨水景观构成要素表

类型	人工景观要素	自然景观要素	人文景观要素
陆域	建筑：商业、居住、文化、办公等； 道路：滨水步道、自行车道、机动车道等； "城市家具"：标志牌、座椅、广告牌、电话亭等	山地、丘陵、平原； 台地、洼地； 陆生植物	航运、渔业； 祭祀、赛龙舟等地方风土民俗
过渡域	亲水设施：亲水平台、栈道等； 码头：生活或生产性码头； 护岸：传统或生态护岸	湿地、滩涂； 湿生植物	
水域	水中构筑物：人工喷泉、雕塑等； 跨水构筑物：桥梁、拦水坝等	水体、沙洲、礁石； 水生植物	

1.2.2.1　自然景观

自然景观是指城市滨水空间中的原始景观风貌,或者因为比较少的人为干扰而没有发生很大改变的景观,主要包括地形地貌、水体、生物群落等。

（1）地形地貌

滨水区域的地形地貌一般与城市所在地区的地形地貌密切相关,平原河网地区与丘陵地区、山地的地形地貌存在很大的差别,河网水流的长期作用也会造成较大的地形地貌差异。

（2）水体

滨水空间中的水体通常是指江、河、湖、海,水是丰富多变的,"水无常形",有动有静,有急有缓,呈现出来的景观效果也是多种多样的,能够给人不同的视觉效果和意境感受。

（3）生物群落

城市滨水空间的生境最为多样,它为各种生物提供了适宜的生存环境,是城市中动植物种类最为丰富、动植物群落数量最大的区域,也是人们亲近自然的绝佳场所。

1.2.2.2　人工景观

人工景观主要指由人工建设而成的构筑物和建筑物等,主要为人们提供休息、漫步、交流和运动等服务功能。

（1）建筑物和构筑物

建筑物和构筑物是城市滨水空间的重要组成部分,包括周边的城市建筑群及广告标志牌、建筑设施等。

（2）城市家具

"城市家具"一般是指城市中各种户外环境设施,具体包括信息设施(指路标志、电话亭、邮箱),卫生设施(公共卫生间、垃圾箱、饮水器),道路照明,安全设施,娱乐服务设施(坐具、桌子、游乐器械、售货亭),交通设施以及艺术景观设施(雕塑、艺术小品)等。"城市家具"除了具有实用功能,还具有装饰审美功能和文化传承功能。

（3）护岸

护岸是人工建成用于保护河岸的构筑物,常常也具有通道和廊道的功用。生态护岸还可以起到过滤和净化污染物的作用,能够为多种生物提供庇护场所。

（4）道路

城市滨水空间内设置的道路系统可以提高人的参与度,使得人们可以沉浸在景观中,从而加强人与水、景观的亲近程度,让景观充满生命力。

1.2.2.3　人文景观

人文景观包括地域特色、场所记忆、滨水文化、历史建筑和古物古迹等。现代景观设计越来越重视对当地人文特色的挖掘,例如,在物质文化遗产中重视对古建筑的保护和引申,在非物质文化遗产中注意对传统手工艺的传承,发扬传统民俗活动和体现少数民族风情等。

1.3 滨水空间的功能

城市滨水空间的功能是综合性的,一般包括防洪除涝、生态保护、城市景观与休闲、文化传承等。

1.3.1 防洪除涝功能

人类文明因水而兴,但是周期性的洪水泛滥也深深困扰着人类。中国的历史同时也是一部水利史,大禹治水的故事大家耳熟能详,黄河的泛滥常常危及政权的稳固,中国人与水的"恩怨情仇"贯穿上下五千年。司马迁在《史记·河渠书》中写道:"自是之后,用事者争言水利",书中第一次提到了"水利"。见图 1.3-1。水利要做的事就是趋利避害,为人类服务,它包含了兴利和除害两方面的意思。

图 1.3-1 司马迁与"水利"

时至今日,防洪除涝依然是关乎民众安危的大事。2020 年汛期,长江中上游暴发特大洪水,重庆、武汉等城市面临的防洪安全牵动亿万中国人民的心。见图 1.3-2 和图 1.3-3。可以毫不夸张地说,没有水利工程安全可靠的运行,就没有城市的可持续发展。本书所讨论的城市滨水空间的主体正是水利工程的重要组成部分,具有水利工程的基本属性,因此发挥防洪除涝功能是其第一要务。

1.3.2 生态保护功能

城市河湖是城市生态系统的重要组成部分,处理好城市与河湖的关系,对城市生态建设具有重要意义。2003 年俞孔坚等[6]在《城市河道及滨水地带的"整治"与"美化"》中强调了滨水景观设计的生态性,并提出从生态和美学层面讨论恢复城市滨水景观的自然形态。2004 年阎水玉等[7]在《城市河流在城市生态建设中的意义和应用方法》中指出,保

图 1.3-2　2020 年重庆洪水照片

图 1.3-3　2020 年武汉洪水照片

持河流的自然地貌特征、维持自然水文过程、控制城市河流水污染、综合规划城市河流与城市建设的关系是发挥城市河流在城市生态系统中作用的基本方法。滨水空间是保证城市生态平衡的重要因素,具有极高的生态价值,具体体现可以归纳为以下3点:

(1)滨水空间包含水域、陆地、湿地等多种生态类型,是各类生物生存汇集的场所,食物链复杂,生态因子十分敏感,有很高的生物多样性;

(2)滨水空间的生态廊道功能可以为动物迁移提供安全途径,减少城市对物种的干扰;

(3)滨水空间在调节城市小气候、净化空气和水质、降低城镇噪声方面发挥着非常重要的作用。见图1.3-4。

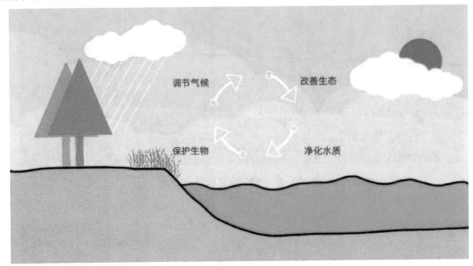

图1.3-4　滨水空间生态效益示意图

1.3.3　城市景观与休闲功能

现代城市生活节奏越来越快,生活在钢筋混凝土"丛林"中的人们平时很少有机会能够跟大自然亲密接触。城市滨水空间是自然景观、历史文化和公共活动集中汇聚的场所,是城市发展景观与休闲游憩产业的首选区域。城市滨水空间是非常稀缺的资源,它具有宽阔的视野和富含负离子的环境,是市民舒缓精神、放松身心的绝佳场所。城市的规划设计者需要充分发挥滨水空间的城市景观与休闲功能,通过打造滨水空间的生态景观,把人工建造的设施和自然环境融为一体,同时重视滨水空间与城市其他区域的联系,增强可达性和亲水性,让广大市民乐于前往并且便于前往。

1.3.4　文脉传承功能

很多人会因为独具特色的滨水空间而记住一座城市,进而去深入了解这座城市。滨水区域是城市文明和经济发展的最初区域,积淀了大量的历史遗存,蕴含着丰富而独特的地域文化特征,滨水空间能够成为城市最具生命力的"形象代言人"。见图 1.3-5 至图 1.3-7。城市滨水空间的规划设计必须重视发掘和提炼这些因素,唤醒人们的场所记忆,丰富景观的文化内涵,彰显滨水景观独特的地域性,最终塑造出极具特色的城市形象。

图 1.3-5　德国埃尔福特滨水空间

图 1.3-6　北京后海滨水空间

图 1.3-7　瑞士卢塞恩市滨水空间

1.4　滨水空间的类型

城市滨水空间的类型可以有多种划分方式,例如,按照建设类别可划分为开发、保护和再开发三种类型;按照开发用途划分,美国学者安·布里和迪克·里贝把城市滨水区开发归纳为商贸、娱乐休闲、文化教育和环境、历史、居住和工业交通港口设施六大类。本书主要从空间特色与风格、空间形态、景观生态学和人类活动影响这四个方面进行分类阐述。

按照空间特色与风格可划分为:(1) 东方传统型;(2) 西方传统型;(3) 现代滨水型。

1.4.1　东方传统型

东方传统型滨水空间主要指中国古代城镇的滨水空间形态,同时具有水路和陆路两种交通系统是其最大的特点,两套系统相互交错和补充,形成集市、广场和滨水商业街道。江南水乡古镇是东方传统型滨水空间的典型代表,古镇滨水空间兼具历史传统风貌和自然景观特色,既有"小桥流水人家"的古朴意境,又呈现出活力商业街巷的景象,是传统农业社会中商业形态的典型展现。见图 1.4-1 和图 1.4-2。

图 1.4-1　安徽绩溪古镇(东方传统型)

图 1.4-2　浙江乌镇(东方传统型)

1.4.2　西方传统型

　　西方传统型滨水空间的典型代表是意大利,它是欧洲文艺复兴的发源地。以意大利为代表的地中海海洋文明有别于农耕文明,它的开拓和冒险精神体现得更加显著。相比于东方传统型,西方传统型滨水空间与海运、贸易、工业等联系得更加紧密,例如水城威尼斯,街道和广场比较开放,滨水空间的层次性也更强。见图 1.4-3 至图 1.4-4。

1.4.3　现代滨水型

　　工业革命改变了生产方式,大大提升了生产力水平,也促进了现代城市的形成。随着城市的迅速发展,社会行业发生兴衰更替,工业化、信息化给人们的生活、生产方式带来了颠覆性的影响,传统型滨水空间越来越难以适应现代化城市的发展,滨水区也快速向现代化的社会靠近和演化,陆续涌现出一大批集居住、旅游、休闲、景观等于一体的综合功能区。见图 1.4-5 至图 1.4-6。

图 1.4-3　意大利威尼斯（西方传统型）

图 1.4-4　圣马可广场（西方传统型）

图 1.4-5　新加坡滨水景观(现代滨水型)

图 1.4-6　圣安东尼奥河畔步道(现代滨水型)

按照空间形态的不同,城市滨水空间可分为:(1) 带状狭长型;(2) 面状开阔型。

1.4.4 带状狭长型

带状狭长型城市滨水空间是指由两岸建筑、道路、绿化等构成的带状滨水区域,其纵向长度远大于横向宽度,总体呈现出较为规则的带状形态,例如上海外滩,见图1.4-7。

图 1.4-7 上海外滩(带状狭长型)

1.4.5 面状开阔型

面状开阔型城市滨水空间是指多个方向上的尺度都比较大,水面比较开阔,而且形状不规则的滨水区域,例如南京玄武湖古城墙滨水区。见图1.4-8。

如果从景观生态学的角度来划分,城市滨水空间可分为:(1) 作为斑块性质的滨水空间;(2) 作为廊道性质的滨水空间。

1.4.6 斑块性质的滨水空间

斑块是景观生态学的基本概念,是景观格局的基本组成部分,一般是指不同于周围背景的、相对均质的非线性区域。见图1.4-9。

1.4.7 廊道性质的滨水空间

廊道是景观生态学的基本概念,一般是指生态廊道,是在生态环境中呈线状或带状布局,能够沟通与连接在空间分布上较为孤立和分散的生态单元的生态系统空间类型,

图 1.4-8　南京玄武湖古城墙滨水区(面状开阔型)

图 1.4-9　上海崇明花博园(斑块性质)

能够满足物种的扩散、迁移和交换,是构建城市区域"山、水、林、田、湖、草"完整生态系统的重要组成部分。见图 1.4-10。

图 1.4-10 德国内卡河滨水空间(廊道性质)

按照人类活动影响,城市滨水空间可分为:(1)自然景观型滨水空间;(2)人工景观滨水空间。见图 1.4-11 至图 1.4-12。

图 1.4-11 自然景观型滨水空间(布里斯班)

图 1.4-12　人工景观滨水空间(迪拜)

1.5　国内外研究概况

1.5.1　国外研究概况

从 20 世纪中期开始,国外就掀起了研究和开发滨水区的热潮。滨水区开发利用和滨水景观营造是研究的两个主要方面。城市滨水区开发的先驱和典型是美国巴尔的摩内港的改造。原先的巴尔的摩内港由于未能适应时代的发展而日益衰落,从 20 世纪 50 年代开始,美国对巴尔的摩内港进行了全方位的改造,经过改造,原先已经破败的城市内港被打造成一张亮丽的城市名片,不但美观、现代,而且充满活力,大大地提升了城市形象,为城市发展注入了新的活力,其中创新设计、历史特质维护和公共空间的社会文化价值成为改造的亮点。

巴尔的摩内港改造项目的成功,引发了世界各地滨水景观建设的热潮,各国、各城市争相学习和模仿。在欧洲,如德国汉堡、英国伦敦都有港口城市更新改造的成功案例,将原来荒废的码头改造成集休闲、娱乐、办公、居住为一体的复合功能区域。1996 年,总部位于华盛顿的美国"滨水区中心"主持编著了《全球城市滨水区开发的成功实例》,全球范围内 39 个详尽案例及 91 个建设项目被收录其中,这对世界城市滨水空间的理论研究和实践具有极大的参考意义。欧美国家的滨水景观规划设计大多体现出发达国家对环境、人文和生活质量的追求。

日本在 20 世纪 80 年代中期开始大力推广城市自然型河流建设,并提出"尊重自然所具有的多样性;保障和创造满足自然条件要求的水循环;水和绿交织形成网络,避免生态体系的相互孤立"等指导思想。2002 年,日本土木学会主编的《滨水景观设计》一书,以河流水滨为研究对象,以景观设计为主线,系统深入地研究了河流景观的规划程序、设计思路、水工建筑物的设计、城市河流的空间构成以及河流景观组织管理等多个方面的内容。多年来,日本在滨水景观的建设上也积累了大量经验,同样非常值得借鉴和学习,如大阪湾的开发,在设计中加强各人工岛与沿岸地区的串联,重视路网的通达性,并通过增加休闲场所突出展示城市风情魅力,此外为了提升滨水区的亲水性,还打造了阶梯式堤坝,将水利工程与景观需求完美结合。

进入 21 世纪之后,城市滨水空间建设与生态的融合程度也越来越高,针对景观生态方面的研究和实践也越来越丰富。2007 年,美国城市土地研究学会主编的《都市滨水区规划》一书,详细论述和分析了滨水空间的规划及景观设计、开发机制、生态设计和工程实践等问题,并且再次梳理和介绍了城市滨水地区的发展史、景观设计、环境问题和再开发的实施途径。总体而言,现阶段国外滨水景观建设主要注重以下四个方面:

(1)严格控制开发强度,防止不适当的开发,确保可持续发展;

(2)强调滨水空间功能的综合性,充分发挥不同地域的特色;

(3)强调生态优先,重视传统和文化传承;

(4)强调新材料、新工艺、新技术的推广应用。

1.5.2 国内研究进展

相比于国外,我国对滨水景观的研究开展得比较晚,滨水景观建设在城市规划中的重要性直到 20 世纪末才受到应有的关注,比较有代表性的是钱学森先生于 1990 年提出的"山水城市"理论,他把我国的传统园林建筑与传统的山水诗词、山水画联系起来,创建了"山水城市"的概念,这是国内第一次将滨水区的建设开发提升到理论层面进行研究。2000 年之后,不少国内学者在借鉴国外相关研究的基础上,开始进一步对国内滨水区规划思路与模式进行探讨,并开始构建滨水区规划方法体系,具体包括滨水区概念界定、设计要素体系、规划目标、理念、原则、规划策略、空间分析与评价等方面。

近年来,国内在城市滨水景观方面的研究成果越来越丰富,如王建国在其编著的《城市设计》中,从城市设计的角度提出城市滨水区的概念,研究其发展历程,并且提出设计原则等内容;王建国、吕志鹏在《世界城市滨水区开发建设的历史进程及其经验》中,对世界滨水区开发建设的内在动因进行了深入探讨;王平非常重视人与自然的和谐共生,在《从可持续发展的角度对城市滨水景观设计的研究》中,把推进城市滨水景观,实现自然生态与人文景观的良性组合作为一项重要目标;俞孔坚等在《城市滨水区多目标景观设计途径探索——浙江省慈溪市三灶江滨河景观设计》中,详细给出了实现具有综合功能的滨水景观设计理念和方法;"生态化河流驳岸"是刘滨谊在《城市滨水区景观规划设计》

中提出的概念,重视维持景观廊道的连续性,尽量减少人工改造和干预是他的主要观点。

综上所述,国内主要研究成果集中在以下四个方面:

(1)滨水空间的开发利用。研究滨水空间开发与城市建设发展的相关问题,以实现城市产业结构调整、城市形象塑造等为主要目标。

(2)滨水空间的规划设计。从滨水空间用地配置、空间布局等总体规划层面进行研究探讨。

(3)滨水空间与城市的关系。加强滨水空间与城市的联系和互动,利用开敞的绿化系统、便捷的公交系统,把市区与滨水空间连接起来,并将市区的活动引向滨水空间。

(4)滨水空间的生态景观设计。以生态优先和以人为本为原则,研究探讨城市滨水空间景观设计方法。

第2章

城市滨水空间常见问题

2.1 生态意识的欠缺

  滨水空间是一座城市中最具灵气、最具生命力的公共开放区域,应该是一个健康可持续的生态系统。但常常因为缺少系统规划以及历史的原因,我国部分城市的滨水空间往往被各类建筑物、构筑物隔断,导致滨水空间彼此割裂,日益破碎化,而破碎化程度越高,空间联系度越低,生态系统的稳定性就越来越差,最终导致滨水生态系统的退化。

  很多城市的滨水空间往往只重视人工景观的建设,采用大量的混凝土结构、硬质化铺装和硬质岸坡,堆砌各类"高级时髦"的建筑装饰材料,植物配置也是仅仅以满足景观视觉需求为主,忽视对动植物栖息环境的营造。在工程建设的过程中,设计者往往先将现状粗暴处理,不论良莠,一律将植物清除,再重新种植苗木,新种植的乔木尺寸和生长多年的现状树木根本没法相提并论,更何况现状树木还留存着基地记忆,是不可多得的珍贵造景素材。此外,设计者在总体布局上缺乏系统思维和生态意识,仅仅注重河道两岸一定宽度范围的景观,忽视与城市相邻区域自然合理的过渡和缓冲,人为破坏了从水体中心向城市辐射的景观连续性。从生态效应角度来说,割裂了城市与滨水空间的信息和资源流通,打破了原有生态系统的平衡,使得滨水空间丧失了应有的灵气,也失去了可持续发展的驱动力。见图 2.1-1。

图 2.1-1 河道硬质化护岸

2.2　形式主义的趋向

　　城市滨水空间是展示城市活力与形象的重要窗口,需要有显著的地域特色,能够与当地独有的历史文化及水文化资源相关联。国内部分城市的滨水景观存在着明显的形式主义趋向,"同质化"现象突出,容易导致"千河一面""千城一面"。我们常常能看到似曾相识的滨水景观,例如,特别宽大的亲水台阶、桩基密集的人行栈桥、风格奇怪的雕塑、舞台布景式的植物绿化等,这些"同质化"的滨水景观忽视了城市的地域特色,也没有很好地利用现有的自然资源,导致整个设计失去灵魂,还会影响本城市的景观体系。见图 2.2-1。

图 2.2-1　线条呆板的大面积亲水台阶

2.3　忽视水环境治理

　　水是滨水空间的灵魂,"皮之不存,毛将焉附",水环境的好坏直接决定了城市滨水空间建设的成败。很多滨水空间的陆域景观可圈可点,但走近却发现水质存在很大的问题,拉低了整个滨水景观的品位。陆域景观具有开发成效快、品质相对可控、容易出亮点等优点,而水环境的提升则需要系统性的治理和久久为功的长效机制,因此也很容易被忽视。事实上,国内部分城市中的河道、湖泊由于周边人口密集,污染负荷重,往往处于富营养化状态,与此相应的是生物多样性差,水体自净能力弱,一旦温度升高或受到其他不利影响,水环境恶化风险就会大大加剧,甚至导致暴发水华或者形成黑臭,严重影响滨水景观的吸引力。见图 2.3-1。

2.4　历史文脉的丧失

　　滨水区域是一个城市发展的最早区域,蕴含着丰富的历史和文化特征,是一个城市

图 2.3-1 受污染的滨水空间与水体藻类暴发

经济文化特色的集中体现。滨水区域分布的古建筑、人文街区、寺院庙宇等物质文化以及民风民俗等非物质文化都是城市历史的见证,记载着城市的发展历程。因此,对不同地理环境、历史气息和文化内涵的提炼,应该能打造出不同风格并且独具特色的城市滨水景观。不过令人遗憾的是,很多的滨水空间设计方案并没有在当地历史文脉的发掘上花费太多精力,相关的内容或缺失,或流于表面,使得城市滨水空间景观设计缺乏地域特色,丧失了历史文脉,也就会进一步失去活力和竞争力。见图 2.4-1。

图 2.4-1 形式大于内容且缺乏特色的滨水空间

2.5 公众参与的不足

了解当地的民风民俗、市民的生活习惯以及民众的参与意愿,是进行城市滨水景观规划设计时必须考虑的。公共设施应该具有适宜的尺度,提供多层次、多元化的活动空间,以满足不同人的需求,从而营造出良好的社会交流空间。但在现实中,不少城市的滨水景观在规划设计时刻意营造气势宏大的效果,"大而失度",过于追求城市名片的打造而忽视公众的参与感受,导致空间尺度的失衡,人们望而却步或者不愿意过多停留。有些滨水景观为了引起人们的关注,采用比较昂贵的造景材料,或者打造比较夸张的造型,结果适得其反,招致社会无情的嘲讽。发生以上这些问题的根源在于对人性化的误解,设计者们往往没有进行认真的社会调查,也没有从环境心理学的角度去认真分析人们的生理、感观、审美等多方面的需求,导致公众参与不足,花大力气打造的滨水空间最终由城市的主角沦落为不起眼的配角,造成很大的资源浪费。见图 2.5-1。

图 2.5-1　尺度失衡不利于民众的参与

2.6　后期管理的缺失

"重建设,轻管理"一直是工程项目建设需要重视和解决的问题,有些城市的滨水空间在运行一段时间后,常常出现各种各样的问题,例如铺装破损、设备损坏、泥沙淤积、绿植枯死或野蛮生长、过度蔓延等,见图 2.6-1 和图 2.6-2。这些问题基本都与后期管理的缺失有关。后期管理与前期投入比例不协调,日常管理跟不上,缺乏专业的管理人员已成为工程项目建设中的突出问题。相比传统景观,滨水空间生态景观不光有对常规设施的维护,还有对花草树木的精心管理,更有对高水位淹没后的恢复,因此对后期管理的要求更高,如果缺乏专门的管理资金和专业化的管理队伍,生态景观将很难达到预期的效果,更无法根据生态系统的发展情况进行适当的干预和调整。

图 2.6-1　水生植物泛滥并侵占水面

图 2.6-2　滨水空间被侵占和阻断

第3章

城市滨水空间生态景观设计

3.1 相关基础理论

现代景观设计的基本理念是将人工景观、自然环境和社会文化融合在一起,将它们视作一个有机整体进行设计,越来越强调自然环境的原真性、物质要素的艺术性与社会文脉的延续性。现代景观设计的主流思潮是注重生态、回归自然。生态与景观密不可分,生态景观是社会、经济、自然复合生态系统的多维生态网络,包括自然景观(地理、水文、气候条件、生物等)、经济景观(能源、交通、基础设施、土地利用、产业过程等)、人文景观(人口、体制、文化、历史、风俗、伦理、信仰等)的格局、过程和功能的多维耦合,是由物理的、化学的、生物的、区域的、社会的、经济的及文化的组成部分在时、空、量、构、序范畴上相互作用形成的人与自然的复合生态网络。生态景观不仅包括有形的地理和生物景观,还包括无形的个体与整体、内部与外部、过去和未来,以及主观与客观之间的系统生态联系。生态景观强调人类生态系统内部与外部环境之间的和谐,系统结构和功能的耦合,过去、现在和未来发展之间的关联,以及天、地、人之间的融洽性。

城市滨水空间生态景观设计涉及的基础理论一般包括可持续发展理论、景观设计学、生态水文学、景观生态学、城市河流廊道理论、环境行为学和生态水利工程学等。

3.1.1 可持续发展理论

自从联合国世界环境与发展委员会于 1987 年向全世界公布划时代的报告《我们共同的未来》之后,"可持续发展"的定义、理念和行动成为指导世界各地发展的战略首选。根据联合国人居署最新发布的《2022 世界城市状况报告》,预计到 2050 年,全球城镇人口的占比将从 2021 年的 56% 上升至 68%。人口的大量集聚,严峻的环境问题将会在越来越多的城市出现,例如水污染、洪涝灾害、土壤污染和空气污染等,全球城市都将面临相似的发展危机,城市已成为实施可持续发展战略的重要阵地。

城市可持续发展是指在一定的时空尺度上,通过长期持续的城市增长及其结构进化,实现高度发展的城市化和现代化,从而使城市发展既满足当代现实的需要,又满足未来发展的需求。具体而言,城市可持续发展是指城市在规模(人口、用地、生产)、结构、等级和功能等方面的持续变化与扩大,以实现城市结构的持续性转变,包含城市的数量、规模和结构由小到大、由低级到高级、由不协调到协调、由非可持续到可持续的变化过程(杨振山等,2016)。城市可持续发展理论演进示意图见图3.1-1。

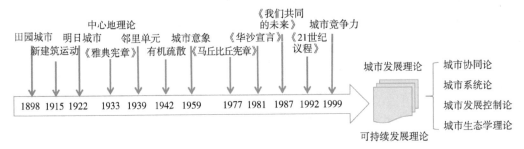

图 3.1-1 城市可持续发展理论的演进示意图(改绘自参考文献[12])

城市的可持续发展研究一般着眼于社会、经济、环境三个基本维度,研究的重点和难点在于三个维度间复杂而紧密的联系所产生的相互影响与利益冲突。研究的主要内容包括:①经济增长与社会公平可持续性研究;②城市发展与资源环境承载力可持续性研究;③人类发展与环境生态系统可持续性研究。目前,我国关于城市可持续发展的研究已经开始从注重经济发展转向注重生态环境。城市可持续发展的主要矛盾关系见图3.1-2。

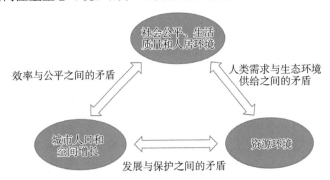

图 3.1-2 城市可持续发展的主要矛盾关系示意图

滨水空间是城市中非常稀缺和珍贵的资源,也是生态最为敏感和脆弱的区域,滨水空间的开发建设必须符合可持续发展的要求,应将"人地和谐"、"生态环境健康可持续发展"和"社会经济可持续发展"作为重要的指导思想。滨水空间的开发建设应充分尊重自然,合理使用自然资源,更好地促进人与自然的融合。

3.1.2 景观设计学

景观设计学是关于园林景观的分析、规划布局、设计、改造、管理、保护和恢复的科学和艺术,它是一门关于如何安排土地及土地上的物体和空间来为人创造安全、高效、健康和舒适环境的科学。景观设计学中的主要服务对象是人与自然,主要设计对象是人类生存的生态系统。景观设计学认为,景观设计应该从保护生态系统和原有的生态环境出发,尽可能地以保护原生物种和自然风貌为原则进行更新与设计,是改变现有的不合理的能量流出、流入模式,建立新的能量循环的过程。美国景观设计师协会是这样对景观设计学进行定义的:"景观设计是一种包括自然及建筑环境的分析、规划、设计、管理和维护的学科。"在引入生态学理论之后,传统景观设计的思想和方法发生了重大转变,景观设计不再拘泥于外在美观的表现形式,而开始介入更为广泛的环境艺术设计领域。

"师法自然"是我们中国人自古以来景观设计的最高境界。"虽由人作,宛自天开"是我国古代重要造园专著《园冶》提出的重要思想。《园冶》认为"园林唯山林最胜,有高有凹,有曲有深,有峻而悬,有平而坦,自成天然之趣,不烦人事之工。""巧于因借,精在体宜",进一步强调因地制宜的重要性,景观设计应该善于利用现有条件,将不良视线进行巧妙隐藏,并将优质的景色加以凸显。在很长一个时间段里,我国的景观设计形成了"大动土木"的不良风气,似乎人工干预不达到一定的工程量就不能称其为景观工程,然而"改造、保护、恢复"也是景观设计学中非常重要的组成部分。景观设计学是需要将工程与艺术完美结合的学科,"艺术"这个主观性占比极大的因素往往会成为景观设计良莠分级的要素。设计师切不可一味地以实现自我喜好为建设目标,景观设计工程最终是呈现给大众的,因此"公序良俗"及"大众审美"才是最应该注意的设计关键点。

3.1.3　生态水文学

生态水文学是探讨变化环境下水文过程对生态系统结构与功能的影响,以及生物过程对水循环要素影响的交叉学科。生态水文学的提出能够促进人类社会生态环境的恢复与发展,实现人们对水资源的可持续利用。生态过程与水循环过程之间的相互作用机理是生态水文学研究的核心问题,研究对象包括旱地、湿地、河流、湖泊和森林等生态系统。

生态水文学通过整合生态学和水文学知识,进一步了解和揭示了水与生态系统之间的相互作用过程和内在规律,把稳定生态系统特征作为水资源可持续利用的管理目标。水与生态的关系、揭示形成生态格局和过程的水文学机制是生态水文学重要的科学问题。河湖生态系统是与人类居住环境最为密切的载体,水文过程是其基础,环境流量与生态需水是生态水文学非常重要的研究内容。见图 3.1-3 和图 3.1-4。

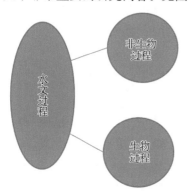

● 沉积、输送和再悬浮(如Rhodes&Furey,2004)
● 水下光环境(如Loiselle et al.,2004)
● 水化学特征(如Dinka et al.,2004)
● 温度分层(如Nowlin et a.,2004)

● 湿地植物(如Nilsson and Keddy,1988)
● 藻类(如Cantonati & Angeli,2003)
● 底栖生物(如Leslie et al.,1997)
● 两栖类(如Realand others,1993)
● 鱼类(如Kinsolving and Bain,1993)
● 水鸟(如Desgranges et al.,2006)

图 3.1-3　水文过程图(夏军,2018)

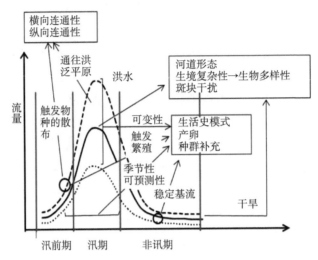

图 3.1-4　生态水文过程与标准生态流量关系图(夏军,2018)

生态水文学的重点分支包括城市生态水文学、河流生态水文学、农业生态水文学、湿地生态水文学、湖泊水库生态水文学和森林植被生态水文学。目前,城市生态水文学的研究主要集中在城市化对水循环过程的影响,包括对降水、蒸发等方面的影响;对洪涝灾害的影响,城市不透水面积扩大,洪水径流量增大,易增大洪灾的风险;城市化对水生态系统的影响,包括对河流生态、河网水系及水土流失的影响,随着城市的发展,容易改变水环境;城市化对水资源的影响,包括对水量、水质等方面的影响(沈志强等,2016)。

3.1.4　景观生态学

景观生态学是生态学的一个重要分支,它将人类活动与生态系统结构和功能相整合,强调空间格局、生态学过程与尺度之间的相互作用。景观生态学涉及城市建设的诸多方面,包括土地资源开发、园林景观设计和城市规划等,其研究对象和内容主要可概括为以下三个基本方面:

(1) 景观结构——景观组成单元的类型、多样性及其空间关系;

(2) 景观功能——景观结构与生态过程的相互作用,或景观结构单元之间的相互作用;

(3) 景观动态——景观在结构和功能方面随时间推移发生的变化。

3.1.4.1　"斑块—廊道—基质"模式理论

景观生态学的基础理论是"斑块—廊道—基质"模式理论,景观是通过斑块、廊道、基质等的排列与组合而构成的,此三者是景观的决定因素。基质是斑块、廊道、基质这三大结构单元中的主要成分,它是景观生态系统的框架和基础,基质的分异运动导致斑块与廊道的产生,基质、斑块、廊道这三者之间是不断相互转化的。景观生态学主要对象、内容及基本概念和理论见图 3.1-5。

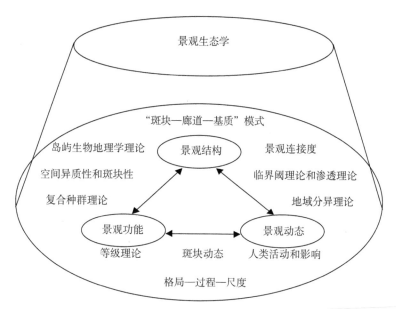

图 3.1-5　景观生态学主要对象、内容及基本概念和理论(摘录自参考文献[13])

1. 斑块

斑块是指存在的有一定面积的自然区域,以维系一定的动、植物群体及涵养水源。斑块具有相对的均质性,既可以是动植物群落,也可以是土壤、岩石、道路、建筑物或构筑物等。城市滨水空间中存在的斑块基本有以下三类:

(1)自然斑块(如自然林地、自然河湖等),滨水空间的自然斑块一般是由于植被覆盖好或者涵养水源广阔,它的外观、结构和功能明显不同于周围其他区域。

(2)次生自然斑块(如公园、公共绿地等人工打造的景观环境),次生自然斑块是在自然斑块的基础上引进新的斑块,高强度、长时间的人为干扰使残存景观逐渐消亡,而形成以引进斑块为特色的人为干扰景观。这种景观是人类引进和持续管理维护的结果,它的特点是持久性和稳定性都比较弱,但是由于人类的设计、运营却让它具有较高的美学价值。

(3)功能斑块(如商业办公、公共广场、休闲娱乐设施等人工建筑物或构筑物),功能斑块是人类生存的主体空间,满足人们最直接的功能需求。严格意义上来说,功能斑块不能被单独归类为生态景观,因为它具有非常明显的人工景观特征,只有将其纳入为人服务的景观生态系统,才能体现出斑块意义。

2. 廊道

景观生态学中的廊道不同于周围景观基质的线状或带状景观要素,几乎所有的景观都被廊道所分割,但同时又被廊道所联系,廊道具有的这种双重而相反的特性,恰恰证明了它在景观和生态中的重要作用。滨水空间中的廊道包括自然廊道和人工廊道两种类型。

（1）自然廊道包括河流、自然岸线以及自然植被带；

（2）人工廊道包括步道、街道、公路、铁路等以交通为目的的通道。

对自然廊道的保护利用和对人工廊道的生态景观塑造是在滨水空间规划设计时应该重视的部分，例如，道路绿化带和河流绿化带这些廊道承担着人流、物流、能流的运输；而绿廊交织构成的生态网络对整个城市都具有重要的生态景观意义。

3. 基质

基质是指不同于周边地区的本区域所固有的物质属性，是景观中最广泛连通的部分，它的高度连接性在很大程度上决定了景观的背景性质。人工景观、自然景观都属于一种区域固有的基质。相对面积和连通性是区分基质和斑块的两个标准。相对面积是指一个景观中所占面积最广的那种景观要素类型的面积应超过所有其他面积的总和，换而言之，它应该占到总面积的50%以上。连通性在这里是指如果一个空间不被两端与该空间周界相接的边界隔开，那么就认为该空间是连通的。当一个景观要素完全连通并将其他要素包围时，则可将其视为基质。当然，基质也不是完全连通的，也可能分成若干块。

3.1.4.2 空间尺度

景观特征会随着尺度变化而产生相应的变化，运用景观生态学研究滨水景观就需要明确滨水景观合适的尺度。滨水景观的空间尺度可分为大、中、小三种。

（1）小尺度的滨水景观，一般由河道、堤防和滨河植被带组成，涉及面域较窄，但公共参与性极高；

（2）中尺度滨水景观，相比小尺度的滨水景观，具有更丰富的景观要素和生态过程，主要用于构建城市水系的景观生态格局；

（3）大尺度的滨水景观，通过土地利用变化格局来研究流域体系下的水土流失、人为干扰因素所造成的生态变化情况。

3.1.4.3 景观异质性、景观格局和生态学过程

景观要素的组成在空间构成上的变异性和复杂性被称为景观异质性，景观要素主要包括基质、斑块和廊道。景观异质性在很大程度上决定着生态系统的稳定性、抗干扰能力和自我修复能力，它甚至影响着生物的多样性，控制着景观的功能和生态系统的动态过程。

景观生态学中的格局是指空间格局，包括景观组成单元的类型、数目以及空间分布与配置。景观格局是景观异质性的空间载体，两者相互影响，景观格局体现着景观异质性，景观异质性反过来影响着景观格局的形态。

生态过程强调事件或现象的发生、发展的动态特征。景观生态学常常涉及多种生态学过程，包括捕食者与被捕食者之间的相互作用、种群动态、群落演替、干扰传播、物质循环和能量流动等。

3.1.4.4　景观连接度

景观连接度是指景观空间结构单元之间的连续性程度,可以从结构连接度和功能连接度两方面进行考量。不同生物栖息地之间以及其内部的生物群体之间的相互作用是景观连接度高低水平的直接体现。有鉴于此,我们可以通过增加或减少生态廊道的数量,或者改进其效益水平来实现生物多样性的保护。景观连接度的一种具体表现形式是廊道,廊道在破碎景观中生物栖息地的建立和物种保护方面有着举足轻重的作用。因此,滨水景观的规划设计需要重视建立多样化的河流生态廊道,将多处孤立的景观元素连接起来,形成一种稳定结构,这对于处于孤立斑块间的物种的生存迁徙、觅食和延续都有着非常重要的作用。

3.1.4.5　景观生态学应用

景观生态学在应用中的突出特点主要体现在以下六个方面:

(1) 强调空间异质性的重要性;

(2) 强调尺度的重要性;

(3) 强调空间格局与生态学过程的相互作用;

(4) 强调生态学系统的等级特征;

(5) 强调斑块动态观点,明确地将干扰作为系统的一个组成部分来考虑;

(6) 强调社会、经济等人为因素与生态过程的密切联系。

城市滨水空间的景观规划设计需要运用景观生态学理论,将滨水区各种复杂的景观要素有机结合在一起,建设并营造出人与动植物、人与大自然和谐共处的高品质生态环境,实现城市的可持续发展。

河流景观生态学是景观生态学的一个新分支,它的特点是定量地描述河流景观结构与功能的关系,强调河流的时空尺度、空间异质性、边界效应和景观的连通性。河流景观生态学将斑块格局、等级理论和河流生态系统等联系起来,并与景观生态学的发展趋势相一致。

3.1.5　城市河流廊道理论

城市河流廊道是指为提升城市环境与生态系统而规划设计的绿色带状空间。美国学者利特尔(Little)认为城市河流的本质就是一条绿道。刘平[15]将城市河流廊道定义为城市中兼具自然保育和生态修复等功能的河流廊道,以及综合了休闲娱乐、疏解交通、精神体验、美学欣赏等多种复合功能的滨水绿道。李莉等[16]认为,城市河流廊道包括河道两侧的植被缓冲带、主河道、滩涂地等,兼具休闲游憩、传承地域文化、生态保育等多种功能。

从景观生态学理论角度看,河流廊道本质上也是生态廊道的一种。在本书中,作者将城市河流廊道定义为城市建成区内具有连通性质的多功能带状滨水开放空间,能够将城市中彼此孤立或者割裂的生态环境连接起来,例如河流、湿地、滩涂地、堤坝等。河流廊道在城市中是非常稀缺的资源,它的生态功能包括营造区域微气候、构建生物迁徙和栖息环境、增加生物多样性等;同时,它还能够提供观景体验、休闲娱乐、文化科普等社会服务功能。概括来说,城市河流廊道是自然系统与人工系统相互耦合的带状公共空间,是城市的生物迁徙廊道、生态保育廊道和文化体验廊道。

3.1.5.1　河流廊道特点

河流廊道是城市环境中最接近自然的场所,但又有块状绿地、城市公园等不具备的生态功能,它的特点非常明显,主要表现在纵向结构的连续性和横向结构的异质性。

1. 纵向结构的连续性

河流可以看作是一个不间断的连续体,它的上游、中游、下游既彼此依存,又存在明显的差异。上下游两岸景色的差异,不同植物的群落,水质的变化,使河流廊道呈现出带状渐变的序列景观,同时具有一致的节奏性。如果从人文资源方面来看,河流廊道在历史上源远流长,在地理上能够连接多个不同的人文景观。

2. 横向结构的异质性

河流在横向结构上的自然环境异质性明显,台地、湿地、滩涂、河床等地形地貌多种多样,土壤、水深、流速和植物群落构成等差异明显;河流在横向结构上的社会环境异质性同样很大,河流两侧的交通条件、市政设施等千差万别。对于河流而言,横向结构的异质性越强,生境就越复杂,就能为动植物的生存提供多样性的生存空间,有利于生物多样性的提高。

3.1.5.2　河流廊道的功能

河流廊道一般包含两个方面的功能,分别是自然功能和社会功能,其中自然功能包括雨洪调蓄、生态保育和气候调节。

(1)雨洪调蓄——城市河流廊道能够改善城市的水环境,实现雨洪调蓄,增加城市韧性和抗风险能力;

(2)生态保育——河流廊道的建设可以恢复城市动植物栖息地,防止生境退化,保护生物多样性,从而维持和有效改善城市的生态系统;

(3)气候调节——城市河流廊道动植物等资源丰富,植物群落可通过叶片的光合作用和蒸腾作用,产生氧气并增加空气湿度,有效降低区域温度。

社会功能包括休闲娱乐、文脉传承、科普教育和经济发展。

3.1.6　环境行为学

我们将人和环境交互作用引起的心理活动,以及其外在表现和空间状态称为环境行为。环境行为学是研究人类行为与其所处的物质、社会、文化环境之间的相互关系与相互作用,并应用这些研究成果改善环境,以及改善人与环境之间的互动,达到提高人类生活质量的目的。

环境行为学理论在景观设计方面的运用,主要集中在人居环境适宜性方面的研究。

随着社会的进步,人们对于环境的需求已经不仅仅局限于基本的物质层面,更高层次的精神生活越来越得到重视。设计出符合人类行为心理的城市滨水空间需要环境行为学理论的合理运用。城市滨水空间生态景观设计工作的第一步都是需求分析,包括业主的需求、受众的需求。我们一直呼吁的"以人为本"绝不是一句空洞的口号。设计师在设计过程中一定要反复"扪心自问",设计的一切内容是为了什么? 有没有深刻理解周边居民的物质和精神需求? 建成的新环境是否能改善现状,还是只不过增加了一堆人工痕迹?

3.1.7　生态水利工程学

生态水利工程学是水利工程学的一个新分支,它吸收了生态学的理论和方法,是研究水利工程在满足人类社会需求的同时,兼顾水域生态系统健康与可持续性需求的原理与技术方法的工程学。传统水利工程学主要关注河流的水文特性和水力学特性,而生态水利工程学还将河流视作具备生命特性的生态系统。生态水利工程学扩展了河流的研究范围,从河道及其两岸的物理边界扩大到河流走廊生态系统的生态尺度边界。生态水利工程学是一门交叉学科,它的进一步发展能够改进和完善水利工程的规划方法及设计理论。生态水利工程学的基本原则为:

(1) 工程安全性和经济性原则。生态水利工程既要符合水利工程学原理,又要符合生态学原理,工程安全性是前提。最小的投入、最大的经济效益和生态效益是生态水利工程应遵循的原则。

(2) 保持和恢复河流形态的空间异质性原则。非生命系统与生命系统之间存在着依存和耦合关系,空间异质性与生物多样性密切相关,空间异质性越高,生境越多样,更多的物种就能够共存。相反,空间异质性越低,环境越单调,生物多样性就会下降,生态系统也将会退化。

(3) 生态系统自我设计、自我恢复原则。生态工程的本质是对自组织功能实施管理。生态系统的自组织功能表现为生态系统的可持续性,那些与生态系统友好的物种,能够经受自然选择的考验,寻找到相应的能源和合适的环境条件,使种群得以延续。

(4) 流域尺度及整体性原则。河流是一个复杂的大系统,其子系统包括生物系统、广义水文系统和工程设施系统。河流生态修复规划应该在流域尺度和长期的时间尺度上进行。

(5) 反馈调整式设计原则。生态系统和社会系统都不是静止不变的,其具有时间和空间上的不确定性。生态水利工程设计主要是模仿成熟的河流生态系统的结构,力求最终形成一个健康、可持续的河流生态系统。在河流工程项目按照设计执行以后,就开始了一个自然生态演替的动态过程。该过程不一定会按照设计预期的目标发展,可能出现多种可能性,因此,生态水利工程设计需要采用反馈调整式的设计方法,按照"设计→执行(包括管理)→监测→评估→调整"这样一种流程,以反复循环的方式进行。

3.2 设计原则

　　城市滨水空间生态景观的表现形式是多种多样的,在遵循城市发展规划总体要求,以及国家及地方相关政策法规的前提下,设计师可以充分发挥自己的创造力和想象力。不过万变不离其宗,城市滨水空间生态景观设计必须遵循一些基本原则,才能更好地将功能性、生态性和景观性进行有机结合,充分发挥滨水空间的生态环境效益和社会效益。根据对国内外多个城市滨水空间建设项目的分析总结,本书总结出五项基本的设计原则:系统整体性原则、安全经济原则、多目标兼顾原则、生态性原则和可持续性原则。见图 3.2-1。

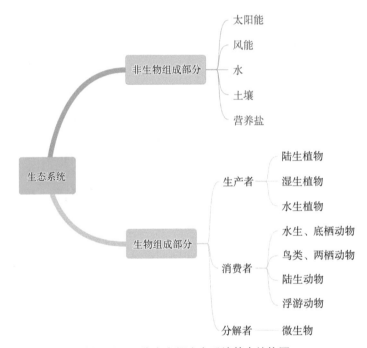

图 3.2-1　滨水空间生态系统基本结构图

3.2.1 系统整体性原则

　　《马丘比丘宪章》指出:"在今天,不应当把城市当作一系列的组成部分拼在一起来考虑,而必须努力去创造一个综合的、多功能的环境。"滨水空间是城市生态系统的重要组成部分,它本身也是一个由自然、社会、经济、文化相互影响、相互融合而成的复合系统,其中,各个子系统之间有着相互促进而又相互制约的复杂关系。因此,设计师需运用系统思维,遵循系统整体性原则,将滨水空间置于整个大的城市规划和建设背景之下,从宏观整体的角度统筹兼顾,切忌"头痛医头,脚痛医脚"。具体原则主要体现在以下三个方面:

（1）应将滨水空间与周边环境作为一个整体考虑。滨水空间规划设计方案应符合上位规划和区域相关规划要求,在满足城市防洪排涝基本要求的前提下,设计师需要综合考虑水利设施、水环境、市政交通、建筑、绿地等多方面的要素,不应人为割裂,避免滨水空间设计的表面化、形式化。

（2）各相关专业应协同设计,有机结合。滨水空间的设计涉及水利、景观、市政、建筑和生态等多个专业,必须强调系统性和整体性,既有明确的专业分工,更有深入的协同合作。

（3）从生态系统高度进行思考和设计。滨水空间由水域、陆域和水位变动区组成,其本身就是一个相对完整的生态系统,滨水空间设计的对象不仅仅是混凝土、砖石等"非生命体",更需要从生态系统的高度去思考水生植物、鱼类、微生物等"生命体"的生境营造。

3.2.2　安全经济原则

安全是生态景观设计的前提,滨水空间的安全问题分为防洪除涝安全、岸坡稳定和日常的人员安全。滨水空间首先是水利基础设施的重要组成部分,应确保洪水过得去,涝水排得出,不能影响城市防洪除涝安全。河道堤防的防洪高程必须满足水利工程的规范要求,否则在遇到大雨或者汛期时行洪不畅,将出现河道水位漫溢的现象,从而导致重大财产损失和人员伤亡。滨水空间的岸坡整体稳定、挡墙结构稳定、渗流稳定等均应符合水利工程的规范要求。此外,在进行滨水空间设计时还应考虑安全保护设施,人员进入时应有足够的安全保护和应急措施,确保在亲水的同时没有安全隐患。

在满足安全的前提下,经济实用是可持续发展的基础,大量金钱的堆砌并不一定能打造出令人赏心悦目的滨水空间,而是应该根据当地经济发展水平和现代低碳社会的要求,找准定位,在设计上做到刚柔并济,避免过度硬化,尽量采用环保及可以循环利用的材料,同时综合考虑将来的管理运营成本。此外,生态景观设计一定要考虑生态系统的自我恢复能力,并尽量加以利用,以期用最小的投入获得最大的效益。

3.2.3　多目标兼顾原则

城市滨水空间的功能是多方面和综合性的,包括防洪除涝、生态景观、休闲娱乐、文化传承等,现代生态滨水景观设计已经由单一的视觉景观设计演变为以水体为核心,涵盖改善生态环境、提升亲水性和传承地域特色文化等多方面的内容。设计师应在实现主要目标的同时,平衡和兼顾多个目标,将实用、生态和审美等功能有机地融合在一起。

3.2.4　生态性原则

城市滨水空间是都市居民与自然亲密接触、充分感受自然的绝佳场所,它是城市生态系统的重要组成部分,是水、陆生态系统之间的交融,它涉及的生物种群极其复杂,可以视作城市的生态中心。长期以来,景观设计的主要目标是打造漂亮的外在景观,生态性往往被忽视或者居于从属地位。随着全社会生态文明建设的深入,我们逐渐认识到健康生态系统的重要性,它不仅为当代人类提供了生态服务功能,还将为人类的子孙后代提供可持续发展的条件。除了人类,滨水空间也是数以百万计的生物物种的栖息地,人与自然需要和谐共生,生态系统的退化将会直接或间接损害人类的利益。滨水空间生态景观设计需要从景观格局、过程以及生态系统结构和功能的角度考量其合理性。

(1)努力提高空间异质性,营造适宜生境。保护和恢复滨水空间生态系统,利用横、纵向的自然地貌营造合适的生境,提供更多动植物生存空间,例如生态廊道、动物栖息地保护等,以提升生物多样性,同时还需控制污染,治理水环境,维持和恢复自然水循环及水平衡。

(2)充分利用和保护自然资源,和谐共生。生态系统的主要胁迫因子是人类的活动,应尊重自然,尽量减少对自然的破坏,并采取主动措施进行修复和补偿,以维护生态系统的完整性和可持续性,实现人与自然的和谐共生。

(3)生态设计是一种反馈调整式设计。生态系统是一种自然演变的动态系统,始终处于不断演替过程中,在时间和空间上均存在着不确定性,可以说,变化是绝对的,而平衡和稳定是一种例外。因此,生态设计与传统工程设计最大区别在于它是一种反馈调整式设计。

3.2.5 可持续性原则

可持续性是指一种可以在时间、空间和资源上长久维持的过程或状态,也是当生态环境系统受到某种干扰时能保持其生产率的能力。可持续性至少应包括以下两个方面的内容:

(1)自然资源的存量和环境的纳污能力是有限的,因此,自然资源的开发利用速度不应超过其再生或创造替代资源的速度,废物的排放不应超过生态系统相应的自净能力;

(2)在社会经济发展过程中,当代人不仅应考虑自身的利益,而且应考虑到后代人的利益。

"以人为核心"是城市生态系统的重要特点,该系统对外部具有强烈依赖性,其需求的大部分物质和能量都需要从其他生态系统输入,产生的大量废物也必须输送到其他生态系统中。因此,可持续性原则对于城市生态系统来说显得尤为重要。

3.3 基础资料调查

3.3.1 自然条件调查

需要调查掌握的自然条件资料包括水文、气象、地形、地质、地表水、地下水、底泥、土壤、空气指标、岸线演变等。

3.3.1.1　水文调查

水文调查内容主要包括水位、流速、流量、降水量、蒸发量、气温和水文补给调查等。

水位包括各特征水位,掌握滨水空间的水位特征变化尤为重要,水体一般可分为不受控水体和受控水体两种。不受控水体应根据水文统计资料分析后确定历史最高水位、历史最低水位和多年平均水位等;对于受控水体,应明确设防水位、警戒水位、正常水位和最低水位等数据。

流速包括平均流速、最大流速、表层流速、底层流速和岸边流速等。水文调查中常用河流、湖泊等水体横断面平均流速来表征该断面水流速度。

流量是指单位时间内通过某一过水断面的水体体积,多用于河流、湖泊的断面进出水量测量。

水文补给调查包括水源补给方式,如季节性冰雪融水补给、降水补给、地下水补给,以及水源补给量的大小。

3.3.1.2　水质监测

水质监测主要指标为 pH 值、溶解氧(DO)、透明度、浊度、悬浮物(SS)、化学需氧量(COD)、高锰酸盐指数(CODMn)、总氮(TN)、总磷(TP)、盐度(SAL)和氯化物指标(CL)等。

3.3.1.3　基底调查

基底(土壤或底质)调查的主要要素包括基底地形条件、基底类型、基底物理组成、基底理化性质、基底氮磷含量、基底微生物状况等。

土壤的酸碱度是植物生长的主要限制性因素,大多数湿地植物喜欢酸性或微酸性的环境,少数植物喜欢偏碱性土壤,一般水生植物适合在 pH 值为 5~8 的土壤中生长。

底泥是河湖的重要组成部分,为水生动植物提供生活环境,并且与水体进行物质交换。底泥中的微生物会对污染物进行降解,如果是底泥中沉积过多的污染物,在一定条件下就会释放到上覆水体中,成为污染水体的内源。

3.3.2　污染源调查

污染源一般分为点源污染、面源污染和内源污染。对点源污染的调查一般是对河湖沿线排口的排查,需要彻底掌握各类排口的详细情况,包括是否存在排污现象和污水的排放量。面源污染包括农业、农村面源污染和城镇面源污染,以及大气降尘的污染。内源污染主要是底泥的污染,调查检测底泥的污染状况和对上覆水体污染物的释放情况。根据污染源调查的成果,最终确定区域的污染负荷。

3.3.3　生物情况调查

生物情况调查包括对区域内的生物种群、群落结构及多样性、珍稀濒危特有物种存活状况、外来物种威胁程度及风险等进行调查,以及评估区域内生态系统完整性和可持续性、物种多样性等。生物情况调查的主要内容见表 3.3-1。

表 3.3-1　生物情况调查内容列表

生物类型	调查内容
浮游生物	浮游生物种类组成、主要类群、主要优势种及分布、细胞总量、生物量
水生维管束植物	水生维管束植物群落类型、分布、面积、种类、优势种、多样性、生物量、珍稀保护水生植物生长状况
陆生维管束植物	植被类型、植被覆盖度、植物种类、优势种、多样性、生物量、珍稀保护植物生长状况
底栖无脊椎动物	种类、分布、数量、多样性、生物量
鱼类	种类组成、资源现状、种群结构、"三场一通道"等关键生境、珍稀濒危特有鱼类的分布等
两栖爬行类	种类、种群数量、行为和栖息生境、珍稀濒危特有两栖爬行类的分布等
鸟类	种类、种群数量、行为和栖息生境、迁徙状况、珍稀濒危特有鸟类的分布等
昆虫	种类、分布、数量、多样性、生物量
兽类(哺乳类)	种类、种群数量、行为和栖息生境、珍稀濒危特有水生兽类的分布等

3.3.4　社会条件调查

需要收集的指导性文件包括:城市总体规划、经济社会发展规划、区域详细性控制规划、市政管网现状及规划、防洪排涝规划、景观及园林规划和交通旅游规划等。

需要实地调查掌握的资料包括:各类绿地、建(构)筑物、场地道路、防洪设施、排水设施、水体的利用现状等的分布状况;污染源调查情况;现有滨水空间建设状况等。

需要调查文献掌握的资料包括:城市历史概况、风土人情、历史文化遗产、传统民间文化等;城市经济、管理和运行体制、社会发展,人口分布情况等。

3.3.5　市民意愿调查

城市滨水空间景观设计不仅仅是设计城市的物质空间形态,更重要的是要面对城市的使用者——市民,因此必须深刻了解广大市民的需求和意愿。规划设计人员通常采用社会调查的方法,对包括城市管理者在内的各阶层市民意识进行较为广泛的调查,重要方法有访谈法、问卷法和观察法等。

项目设计前的问卷调查是一个重要又有趣的过程,问卷的设计非常重要。随着小程序的盛行,我们在日常生活中会时不时地参与一些营销、公益类的问卷。但是大家在参与过程中会经常出现反感、倦怠等反应,主要问题就是问卷设计过于冗长,与我们的生活关系不大,或者设计内容平平无奇,激不起答卷者的兴趣,更有甚者出现了打探隐私的苗头。因此,问卷的设计应该得到足够的重视,否则答卷者出现抵触心理就会放弃作答或者随意乱答,最后是达不到问卷想要的效果的。

3.4　生态景观设计要点

景观与生态是无法分割的,因为不管是在什么样的环境中进行景观营造,都必然会与自然发生密切的联系。生态景观设计就是运用生态学的相关理论来研究与人居环境相关的地形地貌、水文、土壤、植被、气候等因素所形成的生物生存环境的规划、建设、改造和管理,最终形成功能完善、结构合理、景观优美的理想栖居环境。俞孔坚等[18]将生态设计定义为"任何与生态过程相协调,尽量使其对环境的破坏影响达到最小的设计形式"。生态设计需要全面衡量对环境可能造成的冲击,需要充分考虑与自然过程的适应和融合。

滨水空间生态景观设计内容包括对河湖的水环境改善、水生态修复、水土保持、动植物栖憩地营造和绿化美化等,还包括对滨水空间范围内的设施、环境等进行规划设计。优秀的滨水空间生态景观设计方案一般需要具备五大特点:(1) 整体规划,有机融合;(2) 尊重场地,因地制宜;(3) 适宜尺度,以人为本;(4) 保护生物多样性;(5) 具有显著创新特色。

3.4.1　整体规划,有机融合

在景观生态学理论中,"景观"是指在几平方公里乃至数百平方公里范围内,由不同类型的生态系统以某种组织方式组成的异质性地理空间单元。景观有着切实存在、不可分割的内在特性,必须作为一个整体来考察,而不能将其割裂。滨水空间景观不是一个孤立存在的景观,它是城市景观的重要组成部分,除了要保持其景观系统内部要素的完整性,还要与城市整体景观加强联系并形成整体。城市滨水空间生态景观设计的整体性,可以从宏观、中观和微观三个层面来考虑。

3.4.1.1　宏观层面——自然景观与人工景观的融合

宏观层面的整体性是指自然景观与人工景观的融合。著名的景观设计师丹·凯利在《丹·凯利——自己的语言》中提出:"一个设计师最伟大的贡献就在于他能够以一种方式将人类和自然联系起来,这种联系使我们得以回忆起在万物的秩序之中我们最初的位置。"人与自然之间的关系是辩证的,既相互制约,又相互依存。现代社会每个人都明白人与自然需要和谐共处的道理,然而在曾经很长的一段时间内,城市在高速发展的同时却忽略了城市生态安全的维护,而维护城市生态安全的关键在于维护区域山水格局和大地机体的连续性和完整性。

根据现代遥感和地理信息系统技术近几十年来的监测结果,同时结合一个多世纪以来的生态学观察资料,可以得出我们一些城市盲目扩张造成的自然景观基质破碎化现象已经非常明显,如果这样的趋势得不到遏制,自然环境将不可持续,大量物种将走向消亡,人类自身的发展也将不可持续。那些令人向往的生态型城市,往往都是自然景观与人工景观有机融合的典范。"人间天堂"的杭州是由优美的湖光山色造就的,有诗"半城山色半城湖"为证;南京城的非凡气势来自"虎踞龙蟠"的独特地形地貌;"千峰环野立,一水抱城流",桂林的独特魅力是山水与城市的有机结合。城市滨水空间是人与自然交汇的区域,既有显著的自然景观特质,又不断产生人造景观,因此,滨水空间生态景观设计的第一要务就是沿承传统的空间特色,将自然景观和人工景观融合成不可分割的整体,显现出最好的景观价值、生态价值和社会价值。

贵州遵义市中心城区湘江景观建设的整体定位是"古今商道,革命伟绩,凤山翠屏,湘水画廊",将自然景观与人工景观充分融合,发挥山水城市的天然优势,突出"城中有山,山中有城,一江两城,山水相映"的城市空间构架,湘江作为联系遵义新、老城区的生态轴线,展现山水相依、人水和谐的滨水景观。见图3.4-1。

图3.4-1 贵州遵义市湘江景观带

麓湖生态城是成都天府新区内优先呈现的生态示范区,它有着优良的生态本底,占地面积8 300余亩[①],其中水域面积就达到2 100亩,是集聚合居住、产业及休闲娱乐配套于一体的新城,自然景观与人工景观的融合达到一个新的高度。见图3.4-2。

3.4.1.2 中观层面——滨水景观与城市景观的融合

中观层面的整体性是指滨水空间景观与城市景观的整体性。滨水空间的开发建设需要在城市整体的规划指导下进行,需要将其纳入城市整体景观体系。滨水空间生态景观设计应尽量保护和利用原有的自然景观,重视加强与城市自然斑块的连通,以及加强其景观基质与城市自然景观基质的连通,主要有两种思路:①让滨水空间成为城市空间结构的完善和延伸,将市区的活动引导到滨水空间,以连续的生态廊道、便捷的交通系统把滨水空间景观和市区内陆景观有机地连接起来;②将滨水空间景观向城市内部延伸,增加景观的渗透性,通过引入楔形绿地或指状绿地,使滨水空间景观与城市绿地系统紧密衔接。

优秀的滨水空间生态景观设计不仅体现出自身方案的优秀,更能与城市形成相互促进的联动发展。美国得克萨斯州著名的圣安东尼奥滨河步道是将滨水景观完美嵌入城市景观,并形成良性互动的典型案例。滨河步道的设计者充分利用现有河道和新开拓的河道,将其打造成市区生态景观廊道、休闲活动中心和联系历史古迹的纽带,有效促进了沿河地块的开发,并带动城市复兴。其中,河道东侧延伸段将新会展中心、滨河商业综合体和万豪酒店连为一体,促进东部新区的发展;东北角通过景观步道连通阿拉莫遗址公

---

① 1亩≈666.67平方米

园;西侧河道则通过公园建设衔接圣费尔南多大教堂,从而形成以水为核心的城市公共空间网络。见图 3.4-3。

图 3.4-2　成都麓湖生态城

图 3.4-3　圣安东尼奥滨河步道

　　上海市的滨江贯通工程是国内规模最大的成功案例,黄浦江45 km滨江岸线实现了贯通开放,将城市道路、绿地景观以及沿江岸线有机结合在一起,通过建立岸线与腹地之间的联系与互动,并结合布置特色休闲、娱乐、商业等主题功能,创造多样性的公共活动空间,将滨水空间与整座城市融为一体。工程涉及徐汇、黄浦、虹口、杨浦、浦东五个中心城区,不同的行政区域有着不同的景观风貌,各具特色又相辅相成,构筑起一条黄金滨江线。工程通过步行道、跑步道、骑行道以开合有致的形式,在黄浦江边串联起多处生态景点,尽显"人、水、林"的和谐状态。见图3.4-4至图3.4-7。

图3.4-4　上海杨浦滨江

图3.4-5　上海黄浦滨江

图 3.4-6　上海浦东滨江

图 3.4-7　上海浦东滨江湿地慢行道

3.4.1.3　微观层面——加强景观斑块的连接

微观层面的整体性是指滨水空间景观应从整体上加强内部各景观斑块之间的联系。滨水空间的景观斑块主要包括自然斑块、次生自然斑块和功能斑块,通过规划整合,运用生态廊道将其连接形成整体,最大限度地发挥景观生态作用。加强景观斑块连接的方式一般有以下三种:

(1)规划设计时,将生态景观布局与滨水空间内部河网水系综合考虑,利用河流廊道连接各类斑块,确保内部的生态通畅性,提高内、外部物质和能量交换的效率,既为生物繁衍、栖息和迁移提供了连续空间,又能够有效提升区域环境质量;

（2）利用城市绿化连接各类斑块，与区域的绿地系统、居住区和商业街相结合；

（3）在滨水空间内建立生活、工作及休闲的绿色步道与自行车道网络，而且还可以利用河流廊道本身的景观休闲特点建立水上旅游交通系统。

相关效果图见图 3.4-8 至图 3.4-9。

图 3.4-8　重庆潼南大佛寺湿地公园步道网络（来自"土人设计"网）

图 3.4-9　荷兰羊角村的水上旅游交通系统

3.4.2　尊重场地，因地制宜

"尊重场地，因地制宜"是基本的景观设计理念，也是对生态系统的尊重。要营造独一无二的空间感受与场所体验，设计师必须充分挖掘场地的空间特点，赋予其场所精神，这样的景观才有生命力,这样的景观设计才有意义。生态的脆弱性和交错性是滨水空间生态的两大特点,设计师需要尊重场地生态系统的发育过程,倡导场地的自我维持,落实可持续发展的理念。此外,"尊重场地,因地制宜"也是节省投资的重要途径,设计师应充分利用现有的地形地貌,顺势而为,尽量减少挖填的土方量,有效降低工程造价和能耗,减少水土流失风险,践行低碳社会的发展理念,具体设计策略主要有两点:保护性开发与优化、利用自然与人工的交替。

3.4.2.1　保护性开发与优化

保护性开发应重视原始地形的地表肌理,尽量保持原有地形地貌,以"利用为主,改造为辅"的原则来营造景观的空间层次。一般而言,对场地进行大规模的土石方挖填都是非常不明智的,将会对生态环境造成一系列难以逆转的破坏,包括破坏自然景观、破坏动植物赖以生存的栖息地、大大增加水土流失风险、改变土壤结构等。生态景观设计方案在对场地进行必要的改造时,应该随坡就势,顺势而为,例如,根据河道周围原有地形合理设置标高;利用河道周围原有山脉、丘陵起伏的地势和空间分隔,营造出大尺度的空间景观;通过局部微地形设计,消解现状竖向关系上可达性差、视线不通的不利影响;充分利用弃土塑造缓坡景观;顺应地形变化设置滨水步道或者亲水设施,尽量减少对地形自然坡面的破坏。植被资源的保护是保护性开发的另一个重点,应认真调查分析原有植被的基本情况,尽量加以保留和利用,通过补充移植一些本土的优良树种,形成乔、灌、草层次丰富的植被空间结构。

"进行最小的干预,实现最大的促进"是生态设计的基本原则。滨水空间是城市中生物多样性最为丰富的区域,生态景观规划设计应遵循"道法自然",以自然为师,敬畏自然,尊重自然,预留出让生物群落充分生长的空间,充分调动大自然的能动性,让自然做功,而不是单纯依靠人工手段一味地"蛮干"。每一条河流,每一处滨水空间在长期自然过程中形成的生境,都有其自身的特点,结合这些自然细节进行的生态景观设计必然是最具特色的滨水景观,应尽量保存场地中原生态的元素,例如,一片原始的河滩湿地,一处鸟类栖息地等,让它们在未来的规划设计中占有一席之地,为这些具有未知价值的场地留下发展空间。

上海辰山植物园的矿坑花园是尊重场地、因地制宜进行设计的典型案例,在尊重矿坑现状的基础上,通过丰富的竖向设计,营造原始自然的氛围。设计师在矿坑一侧布置浮水栈桥,使水面空间最大化,浮桥对面结合矿坑设计出自然瀑布景观,园路在山体中穿行,宛如畅游于山水之间,设计构思精巧,值得借鉴学习。见图 3.4-10。

上海后滩湿地公园,采用"修型不动水"的策略,使得原生态的水环境得到最大的保护与利用。在生态岸线景观呈现方面,既有设计师的点睛手笔,又能保持河滩的自然风貌,将"师法自然"发挥到很高的境界。见图 3.4-11。每到周末,后滩湿地公园人山人海,成年人能从这里找到小时候在河滩捉鱼捞虾的美好记忆。

图 3.4-10　上海辰山植物园的矿坑花园

图 3.4-11　上海后滩湿地公园

3.4.2.2　利用自然与人工的交替

　　受水位变化的影响是滨水空间景观与一般陆域景观的不同之处。我国大部分地区都属于大陆性季风气候,降雨比较集中,境内的河流呈现周期性的丰水期和枯水期。城市滨水空间景观与河流的丰、枯变化相伴而生(如图 3.4-12 所示),当水位在最低与最高之间发生规律性波动时,滨水景观也随之发生动态周期性变化,这些变化因子可具体分为水平因子、垂直因子和临时因子。

图 3.4-12　长沙橘子洲因河道水位上涨造成的景观变化

1. 水平因子——景观岸线变化

在枯水期,随着降雨量和上游来水量的减少,河流水位下降,露出水面的景观范围增加;当丰水期河流水位上升时,景观范围相应缩小。河流水位周期性的上升或下降会对陡坡地段的岸线造成冲刷,也可能会在平缓地段形成淤积。因此,生态景观设计必须考虑到滨水空间岸线这种水平因子的变化。

2. 垂直因子——景观层级变化

城市滨水空间部分区域经常处于淹没与露出的变化之中,除了人们的活动区域随水位的变动而变化外,植物生存难度也相对较大,而且水土流失问题不容忽视,因此,滨水空间生态景观需要进行合理的设计,才能够适应垂直因子的变化。

3. 临时因子——汛期暴雨洪涝等

汛期暴雨洪涝在我国是很常见的现象,它具有较大的临时性和不确定性,会造成河流水位在短时间内的快速上涨,严重影响和冲击城市的滨水空间景观。在进行滨水空间生态景观设计时如何克服甚至利用这种临时因子的影响？这是需要认真研究的问题。

根据对上述三类影响因子的分析,利用自然与人工的交替,建议重视以下三个方面：

(1) 城市滨水空间景观具有出露和淹没的特性,景观效果会受到周期性的干扰,设计时应注意丰富景观的层次,实现不同季节、不同水位的滨水景观多元变化,避免枯水期景色的过度萧条。例如,北方城市冬季的大多月份处于缺水状态,应确保河道生态流量。

(2) 水位变动引起的滨水景观动态变化,能够增加城市滨水空间的异质性,提高生物多样性。设计师需要预判水位变动所引发的景观动态变化特征,充分利用周期性的水位涨落展现其生态和水文面貌,例如,可在丰水期打造防洪景观,在平时或者枯水期让游客能够亲水,重要构筑物、主要道路可考虑布置在20~50年一遇防洪标准的水位线上方,绿化类型基本不受限制;临时的小型建筑或小品可考虑布置在5~10年一遇的水位线上方,主要种植低矮灌木和地被植物;亲水步道可考虑布置在2~5年一遇的水位线上方附近,主要种植草本植物。

(3) 采用具有自我修复能力的植物品种和景观材料,以应对水位涨落产生的周期性变化,打造富有"韧性"的生态景观,例如根据景观目标的不同,营造不同的植物生境,分段栽植各类植物,在空间上设计出植物的演替序列,适应季节和丰枯水位的变化。

滨水空间特征水位示意图见图 3.4-13。

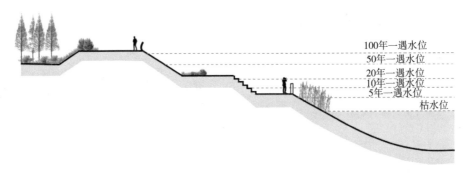

图 3.4-13 滨水空间特征水位示意图

新加坡碧山宏茂桥公园的设计充分考虑和利用了水位的季节性变化,打造出完美的"韧性景观"。该设计方案基于河漫滩的概念,当河道水量较小时,出露的宽广滩面为人们提供了一大片可供休闲娱乐的亲水区域;当因暴雨河道水位上涨时,临近河道的公园绿地也可以行洪过流。碧山宏茂桥公园的设计理念不但创造出更多的人群活动空间,而且重新设计后的河道断面最大宽度从原来的 17~24 m 拓宽到现在的近 100 m,大大提高了汛期的河道过流能力,确保了城市安全。见图 3.4-14。

野生与自然的状况并不意味着危险,事实上,如果发生洪水,河水水位缓慢上升,游客有充足的时间从水边转移到高处。碧山宏茂桥公园河道还安装了包括河水水位感应器、警告灯、报警器以及广播组成的综合监视报警系统,以确保在暴雨和水位上涨之前向公众发出警报。可以走入的河道与只能在旁边看着的河道,你会更爱哪一个呢？在汛期

图 3.4-14　新加坡碧山宏茂桥公园河道

(图片来自"景观中国"网站 http://www.landscape.cn/landscape/11168.html.)

被淹没的位置,旱季可以成为散步游憩的公园,摸着那些曾被洪水淹没的石头,所谓置身其中的感觉,放在这里再贴切不过了。

3.4.3　适宜尺度,以人为本

城市滨水空间是开放式的公共活动空间,市民的活动是其中最重要、最基本的因素,也是滨水空间的人文特征和价值基础。"以人为本"不仅仅是一句口号,设计者还需要对人们的需求和行为特征做出最为敏锐的洞察和最为恰当的回应。

3.4.3.1　人类感官和行为特征

在景观设计中涉及的人类感官主要有视觉、听觉和嗅觉,其中 90% 以上的信息量是通过视觉和听觉获取的。根据对视觉的相关研究成果,人在距离 6 m 左右时可以看清楚事物的细部,在距离 20~25 m 时可看到面部表情,在距离 70~100 m 时可看清人体活动,在距离 150~200 m 时可看清建筑、景观群体与大轮廓。根据对听觉的研究,7 m 以内人的耳朵很灵敏,超出这个范围,正常对话就比较困难。对于嗅觉,通常在 2~3 m 的距离内可发生作用。

人类的行为特征是景观设计的重要依据,除了已有的研究成果可以参考外,设计师还需要根据具体的项目进行大量的社会调查,明确目标人群,从中分析提炼出人们喜欢集聚、滞留的空间场所特征。人类的心理感受是复杂的，它会受到多种因素的影响，不同的感官体验会产生不同的心理感受，不同的人对于相同的事物也可能会产生不同的心理感受。设计师需要从环境心理学的角度研究目标人群的心理感受与精神需求，唯有如此，设计方案才更具针对性。本书简单罗列以下几种行为特征以供参考：

（1）人们的适宜步行距离一般是 400～500 m，持续步行时间是 15～30 min；

（2）人们更愿意在半公共、半私密的空间中逗留，那里既能看到人群的各种活动，又能够产生对公共活动的参与感；

（3）人们更喜欢居高临下的位置，例如，河边石阶、高台等处，可以将空间场景尽收眼底，见图 3.4-15；

（4）人们喜欢视野舒展、没有压抑感的公共空间，不过尺度应该适宜，过大的开阔空间会带来孤独感，场所的活力也会难以维持和扩展；

（5）人们喜欢熟悉的、归属感强的场所，例如，位于当地历史文化特征显著的区域，有老建筑、古桥、古树等熟悉的景观元素，见图 3.4-16。

3.4.3.2 营造宜人景观尺度

美国人类学家爱德华·霍尔把人际交往的距离划分为四种：

（1）亲昵距离（0～0.46 m），如爱人之间的距离；

（2）个人距离（0.46～1.2 m），如朋友之间的距离；

（3）社会距离（1.2～3.6 m），如开会时人们之间的距离；

（4）公众距离（3.6～7.5 m），如表演者和观众的距离。

图 3.4-15　阶梯高台设置满足居高临下的观感

图 3.4-17 是某项目设计师所作的景观需求人群分布图和人群行为特征分析示例图。

图 3.4-16　熟悉的历史景观元素

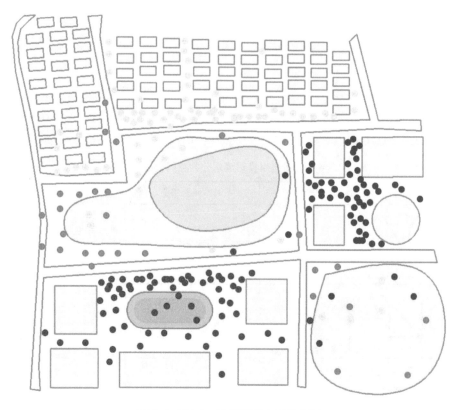

图 3.4-17(a)　景观需求人群分布图

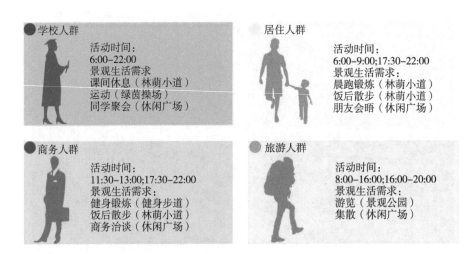

图 3.4-17(b)　人群行为特征分析示例图

在景观设计中,合理安排公共空间和私密空间,创造宜人的空间尺度具有非常重要的意义。尺度在宏观上分为空间、场所和领域,三者的范围不一样,其中的物质组成不同,给人的感受也不一样。根据相关研究,空间感一般在 $20\sim25$ m 的范围内较强烈,这种尺度下,人们感觉比较亲切;场所感在 110 m 的范围内较为恰当,这个距离内只能辨出大概的人形和动作;领域感的距离则是在 390 m 左右,运用这种尺度可以创造出一种深远、宏伟的感觉。

所有成功滨水空间的设计都极为重视对空间尺度的把握,适宜的空间尺度不仅能够创造优美的景观效果,而且对于改善微气候、提高环境舒适度也有着非常重要的作用。根据日本土木学会主编的《滨水景观设计》一书,河流规模对滨水公共空间尺度的影响见表 3.4-1。

表 3.4-1　河流规模对滨水公共空间尺度的影响

	D/H	对空间的感受	对象观感
0.5	63°	能接近,有狭窄感	被封闭(包围)的感觉; 对岸竖向景物只能看到一半; 有封闭、恐怖的感觉
1	45°　良好广场的D/H	高度和宽度之间均衡	高度和空间较协调; 强调了封闭感; 对岸竖向景物能看全
1.5	34°		

续表

D/H	对空间的感受	对象观感
2　27°　舒适的D/H	离开了,有广阔感	对面的建筑物容易看清; 2.5以上时,容易产生广场恐怖症的感觉
3　18°		一般占有整个视野; 虽然构成景观的一部分,但看起来有独立性; 与其说围合成一个立体,不如说形成场地的边界; 立体上的细节看不清了
4　14°	减少了封闭性	与周围的景物成为整体; 围成庭院、广场D/H上限
6　9°	封闭性的下限	
8　8°	封闭性消失了,有一片汪洋之感	

注:来自参考文献[8]。

美国得克萨斯州著名的圣安东尼奥滨河步道,其沿河建筑前后高低错落,一般人能感受到的是高度大约为 9 m 的两层建筑,河面加上两边人行道以及绿化带宽度大概在 20 m 左右,高宽比约为 1∶2,这样的尺度是非常宜人的,走在河边感觉比较舒适。见图 3.4-18。

图 3.4-18　宜人的滨水空间尺度

3.4.3.3　亲水性、可达性与多元互动

现代都市人对亲水性的需求已经不单单是接近和欣赏水体,更是想要充分接触大自然,追求与自然生态共存,在得到景观视觉享受的同时,获得更高层次的心理与文化上的共鸣。在进行城市滨水空间设计时应充分考虑各类亲水活动的具体需求。根据归纳总结,现代亲水活动基本可分为五种类型:观赏、运动、休闲、调查研究和社会互动,具体见表 3.4-2。

表 3.4-2　现代亲水活动内容总结表

亲水活动类型	活动方式	活动内容
观赏型	观赏	欣赏自然风光
	游玩	摄影、写生、读书、品茶、漫步
运动型	水边	垂钓、打球、长跑、健身、骑车、遛狗
	水上	漂流、快艇、划船、冲浪、滑冰
休闲型	戏水	浅滩戏水、场地旱喷、互动装置
	农业	种植花卉、采摘果实、园艺
	郊游	名胜古迹、历史遗迹、漫步林海
	休闲	交谈、约会、野餐、户外吊床
考察研究型	科学研究	水生动植物、小气候环境
	科普教育	野生动植物、水体净化
社会交往型	聚会	节日庆典、朋友聚会
	公益	社团活动、知识传播、公共福利、环境保护
	娱乐	文化展览、集市、焰火晚会、音乐喷泉、演唱会、露天电影
	民俗	放河灯、赛龙舟、跨年

　　亲水性与可达性是密不可分的,良好的交通可达性可有效引导市民进入滨水空间,确保滨水空间的持续活力。为提升滨水空间的可达性,设计方案中需要布置完善的滨水慢性系统,比如,连续贯通的步行道、自行车道等,还需要加强两岸市政交通系统与慢行系统之间的联系。各城市相关效果图见图 3.4-19 至图 3.4-21。

图 3.4-19　德国埃尔福特旧城河道的邻河步行道

图 3.4-20　芝加哥滨河步道

图 3.4-21　浙江浦阳江生态廊道中的桥梁

　　"人是最美的风景"，城市滨水空间必须"以人为本"，通过人性化的设计，提供多元化、多层次的活动空间，满足不同人的需求，吸引城市中不同年龄、职业、收入的人群，为人们提供一个多维、有趣的公共活动场所，创造良好的社会交流空间，增强城市活力。生态景观设计已经从以往关注景观要素的个体向研究人与人、人与环境之间的互动关系转变。图 3.4-22 为上海黄浦江滨江公共活动空间。

图 3.4-22　上海黄浦江滨江公共活动空间

3.4.4　生物多样性保护

　　根据联合国环境规划署 1995 年发表的《全球生物多样性评估》报告，生物多样性的定义是"生物和它们组成的系统的总体多样性和变异性"。生物多样性包括遗传多样性、物种多样性和生态系统多样性，是保持生态系统活力的关键。党的十九大指出"人与自然是生命共同体"，如何维护和提升生物多样性是"构筑尊崇自然、绿色发展的生态体系"高层次生态转型要求的关键问题之一。

　　除了人类，滨水空间也是数以百万计的生物物种的栖息地，保护动物多样性的主要途径是维持完整的食物链结构，营造动物栖息环境和迁徙廊道。动植物之间形成稳定的食物链关系，以保证物质、能量和信息的交流与渗透，这种物种间的相互作用使自然生态系统能保持长久稳定。生态景观设计需要营造适宜、稳定的生境，"让草长起来，让花开起来,让鱼多起来,让鸟飞起来",生物多样性才能得到有效保护。

3.4.4.1　提高空间异质性

空间异质性是生物多样性的基础。河流的形态多种多样,水文条件发生着周期性的变化,水质、河床、河滩、岸坡等多种生态因子的异质性,形成了丰富的生境多样性,造就了河流生物群落的多样性。增加滨水空间形态的异质性,有利于提高生物群落的多样性,具体有以下五点设计策略:

(1)在确保城市防洪排涝安全的前提下,河湖岸线的平面形态应尽量保持蜿蜒曲折,积极保护和利用河道上、中、下游自然形成的各种地形地貌结构,尊重并顺应河岸自然形态,努力将人工干预降到最低,盲目进行裁弯取直不可取,又长又直的岸线将严重削弱河道的空间异质性;

(2)自然河流的横断面一般都是非规则形状的断面,而且富有变化,设计时应注意"师法自然",避免采用几何规则形状的横断面,"近自然"且多样化的断面形式才是优选;

(3)重视营造丰富多样的动物生境,为虫、鱼、鸟、两栖动物等提供多样的栖息空间,例如,对水下及两岸微地形进行改造,将深潭与浅滩交错布置,适当布置湿地或形态不规则的小岛等;

(4)当河床或护岸需要防护时,应尽量选择透水、透气的生态环保型材料,在确保安全性和耐久性的同时,应能够适合生物的栖息;

(5)滨水空间生态景观受到水位变化的影响,平面与断面设计方案要能够适应河流的荣枯变化,汛期时,洪水必须能够及时排除,枯水季节则要确保生态流量,为动植物的栖息繁衍提供必要条件。

图 3.4-23 至图 3.4-25 为不同城市滨水空间形态异质性的示例图。

图 3.4-23　扬州市的蜿蜒河道

图 3.4-24　贵阳市的蜿蜒河道

图 3.4-25　合肥市的蜿蜒岸线

3.4.4.2　完善生态廊道网络

生态廊道连接相互孤立的生境斑块,为物种提供栖息地和移动、传播的通道,促进斑块间基因和物种的交流,有利于生物多样性的保护。生态廊道在城市滨水空间生态系统中扮演着重要角色,其宽度、结点、连接度、梯度、曲度等因素将直接影响生态系统的稳定和人类的健康。其中,廊道的宽度效应最为明显,决定了廊道所能承受的外界人为干扰、生物干扰以及边缘效应,直接影响内部物种的生存概率。生态廊道的宽度与动植物之间的关系可详见本书第 1 章表 1.2-1 中的内容。河流廊道也是一种生态廊道,在河流生态学中,强调把河流及其周边的土地视为一个整体来研究,包括河漫滩、堤岸和一定宽度的河岸高地。河流廊道的作用包括保护水资源、改善区域环境、过滤入河污染物和为生物提供栖息地与迁移通道。见图 3.4-26。

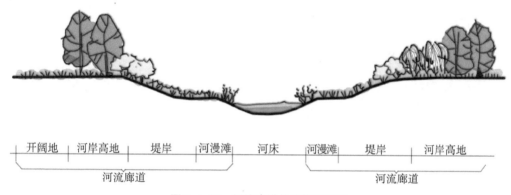

| 开阔地 | 河岸高地 | 堤岸 | 河漫滩 | 河床 | 河漫滩 | 堤岸 | 河岸高地 |
| 河流廊道 | | | | | 河流廊道 | | |

图 3.4-26　河流廊道的结构断面图

在进行城市滨水空间生态景观设计时,需充分尊重自然生态过程,尽可能地利用现有的河网水系及其滨水带,建立完整、畅通的生态廊道网络,确保景观结构内外部之间的物质、能量交换。见图 3.4-27 和图 3.4-28。

3.4.4.3　优化植物群落结构

植物群落是城市滨水空间的绝对生产力,是空间生态系统物质和能量的来源。滨水植被应多采用自然化设计,重视增加植物的多样性,尽量符合自然植物群落的结构。完善的植物群落结构与功能能够为其他生物的栖息、繁衍提供适宜的生境条件,是提高动物群落多样性的基础。例如,运用乡土植物营建水生植物群落,将促进鱼、虾、蟹等水生动物的生长和繁殖,进而吸引食物链上层的青蛙、鸭、鸟类等动物。陆生植物群落构建和优化,为蛇、兔子、黄鼬等陆生动物提供了生存的必要条件。物质和能量在各级生产者、消费者之间的转化和传递,将使滨水空间的生态系统保持稳定。见图 3.4-29。

根据对水分的不同需求,可将植物分为旱生植物、中生植物、湿生植物、水生植物四大类。旱生植物能够长期忍受干旱环境,多生长在雨量稀少的荒漠地区和干燥的草原上。大多数植物属于中生植物,不能忍受过干或过湿的条件,不同地区品种差别非常大。考虑到滨水空间的特点,本书论述的重点是湿生植物和水生植物。

图 3.4-27　沈阳市沈北新区蒲河生态廊道

图 3.4-28　浙中生态廊道义乌段江滨绿道

陆生植物
动物（鸣禽、攀禽、陆禽、爬行类、小型兽类）　　植物（湿生、挺水、浮叶）　　植物（沉水、藻类、漂浮）
动物（底栖、鱼类、涉禽、两栖）　　动物（底栖、鱼类、游禽）

图 3.4-29　植物对动物的招引

　　湿生植物是指在潮湿环境中生长，不能忍受较长时间水分亏缺的植物，常见的有池杉、落羽松、垂柳、夹竹桃、灯芯草等。水生植物生长在水中，根据其在水域中的不同位置可分为挺水植物、浮水植物和沉水植物。挺水植物的根茎生长在水的底泥之中，茎、叶挺出水面，常分布于水深 0～0.5 m 的近岸浅水区，如芦苇、香蒲、鸢尾、荷花等；浮水植物的叶片和花漂浮在水面上，如睡莲、荇菜、浮萍等；沉水植物的植物体则完全沉没在水中，如苦草、菹草、金鱼藻等。见图 3.4-30。

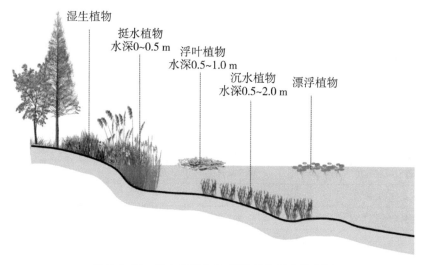

湿生植物

挺水植物
水深0～0.5 m

浮叶植物
水深0.5～1.0 m

沉水植物
水深0.5～2.0 m

漂浮植物

图 3.4-30　滨水空间水生、湿生植物垂直分布图

植物群落构建时需要考虑各物种对环境的要求,考虑物种之间的竞争与共生关系,进行合理配置,充分发挥其生态功能,以获得最佳的生产力。

1. 优化配置思路

(1) 尊重原有生态环境,保留原生物种,以保护为主,改造为辅。应避免进行大面积的砍伐,宜采用局部替换、补植的方式进行群落优化和景观改造。这条原则常常得不到应有的重视,设计人员往往在没有完全了解和掌握现有生态本底的情况下,按自己的想法重新配置植物,反而造成对原生态的破坏。

(2) 以乡土、适应种植地的植物为主,重视多样植物空间层次的营造,打造复合型植物群落。使用自然、野趣的观赏草品种和多年生草本花卉,以减少建设投资和养护成本,形成低养护或免维护的自然生态景观。

(3) 充分考虑滨水空间的生态因子,选择适合条件的物种。植物的选择应能够适应水位变化,发挥水质净化、水土保持、营造动物栖息环境的作用。此外,还应防止某些植物因长势过盛而抑制其他植物的正常生长。

(4) 注意选择食源、蜜源和果源类植物,为鸟类等生物的生存提供必要的资源。

2. 水生、湿生植物配置

滨水空间的水生、湿生植物可按照季相、水位、水面以及场景要求进行配置,物种搭配应主次分明、高低错落,符合各类植物对生态位的要求,做到观赏、生态和水体净化功能的协调统一。

(1) 季节配置

季相是植物在不同季节表现的外貌。植物在一年四季的生长过程中,叶、花、果的形状和色彩随季节变化而呈现出不同的观赏效果。提升水体景观的重要措施之一就是强化水生、湿生植物配置的季相变化。水生、湿生植物种类比较多,花和叶的观赏时间不尽相同,宜多采用混合配置,让不同季节均能有景可观,还可通过大面积的配置,以达到强烈的视觉冲击效果。见图 3.4-31 至图 3.4-35。常见的几种水生、湿生植物最佳观赏时间详见表 3.4-3 至表 3.4-6(表格摘自参考文献[19])。

表 3.4-3 春季常见的水生、湿生植物最佳观赏时期表

植物种类	最佳观赏时间段	观赏部位
水芹菜	早春	叶
黄花鸢尾	4月中下旬	花
西伯利亚鸢尾	4月中下旬	花
(花叶)玉蝉花	5月底—6月上旬	花
路易斯安娜鸢尾	4月下旬—5月上旬	花
花叶芦竹	3—5月	叶

图 3.4-31　鸢尾、芦竹搭配实景图

表 3.4-4　夏季常见的水生、湿生植物最佳观赏时期表

植物种类	最佳观赏时间段	观赏部位
荷花	5—10 月	花
睡莲、萍蓬草	5—10 月	花
千屈菜	6—9 月	花
水葱	4—9 月	杆
再力花	6—9 月	花、叶
欧洲大慈姑	7—9 月	花

图 3.4-32　荷花、千屈菜、再力花等搭配实景图

图 3.4-33 睡莲、千屈菜、再力花等搭配实景图

表 3.4-5 秋季常见的水生、湿生植物最佳观赏时期表

植物种类	最佳观赏时间段	观赏部位
(花叶)芦苇	4—8 月	叶
芦荻	9—11 月	花
观赏草	9—11 月	花
美人蕉	6—10 月	杆
水罂粟	6—11 月	花
荇菜	6—8 月	花、叶

图 3.4-34 芦苇、芦荻实景图

表 3.4-6　冬季常见的水生、湿生植物最佳观赏时期表

植物种类	最佳观赏时间段	观赏部位
路易斯安娜鸢尾	10—12 月	叶
金线菖蒲	10—12 月	叶
金边麦冬	10—12 月	叶
常绿萱草	10—12 月	叶
（花叶）矮蒲苇	10—12 月	杆、花
细叶芒	10—12 月	叶

图 3.4-35　（花叶）矮蒲苇

几种常见沉水植物的生长周期可参见表 3.4-7。

表 3.4-7　几种常见沉水植物的生长周期统计表

类别	3月	4月	5月	6月	7月	8月	9月	10月	11月	12月	1月	2月
苦草	萌芽	缓慢生长			高速生长			最大	缓慢生长	越冬		
马来眼子菜	萌芽	缓慢生长			高速生长				缓慢生长	越冬		
金鱼藻	萌芽	缓慢生长		高速生长		最大	缓慢生长			越冬		
黑藻	萌芽	缓慢生长		高速生长			缓慢生长	生长停滞	最小	越冬		
微齿眼子菜	萌芽	高速生长		缓慢生长	最大		缓慢生长			越冬		
狐尾藻	萌芽	高速生长			最大	缓慢生长		最小	缓慢生长	越冬		
菹草	高速生长	最大		缓慢生长	最小	生长停滞			萌芽	缓慢生长		
伊乐藻	缓慢		高速生长	最大	生长停滞		再度生长		缓慢生长			

（2）水面的植物配置

水面的植物配置需要与水面积相匹配，比例应恰当，注意留白，对长势旺盛的植物应进行控制，切忌将整个水面种满。水域面积较小时，主要考虑近观，应以小块状点缀为主，配置手法要自然，忌用高大、叶宽的植物，注重植物的个体美，对植物的姿态、色彩、高度要求较高；对于面积较大、视野开阔的水面，主要考虑远观，应营造水生植物群落景观，注意整体大而连续的效果。

水面的植物配置应与水缘、岸边的景观相呼应，例如，如果岸边有亭台楼阁等建筑，对应的水面应尽量少布置水生植物，留出空旷的水面展示建筑倒影；如果水缘、岸边有优美的植物景观，可在对应的水面少量布置浮叶植物以丰富水景。见图3.4-36。

图3.4-36　水面植物的搭配实景

以净化水质为主的水面可采用根系发达、长势旺盛且种类较多的植物进行搭配组合，常用植物有芦苇、再力花、千屈菜和鸢尾等。

（3）水缘的植物配置

水面和堤岸的交界线可称为水缘，通过对水缘的植物配置，既可以对水面起到美化作用，又可以使堤岸与水面形成自然的过渡。水缘的植物配置常采用同种植物的成片种植，或者多种植物的混合成片种植。同种植物成片种植可形成比较壮观的景色，多种植物混合片植能够让景观丰富多彩。混合种植要求所用的植物高低错落，富有层次感，并且植物种类不宜选择过多，一般3～5种即可。

　　梦清园位于上海市普陀区苏州河河畔,是以"水生态"为主题的公园,流经梦清园的苏州河河水水质得到充分净化。从梦清园入口处的人工湿地,到波光粼粼的水梯田,再到雨水花园,处处展现出水生态之美。园内植物常绿,与落叶交错,水生、湿生植物搭配得当,尤其是水生、湿生植物的配置,将景观与功能融为一体,构建了稳定的水生态系统。见图 3.4-37。

图 3.4-37　上海梦清园水生、湿生植物配置实景图

3.4.4.4　鸟类群落

　　按照鸟类的生态特征,可将其分为鸣禽、游禽、涉禽、猛禽、攀禽和陆禽,它们分布在生态系统中的不同位置,鸟类分类及习性详见表 3.4-8。

表 3.4-8　鸟类分类及习性表

类别	特点	习性
游禽	喜欢在水中取食和栖息,善于游泳和潜水。嘴形或扁或尖,适于在水中滤食或啄鱼。包括雁鸭类、鸥类等	常选择有湖泊的地方休息,以鱼、虾和水草为食;喜群居,巢穴一般在近水区域,或在水面上;多有迁徙的行为
涉禽	体态上表现为喙长、颈长、腿和脚长,适于涉水行走,不适合游泳。包括鹭类、鹳类、鹤类和鹬类等	大多分布在湿地或沿海,从水底、污泥中或地面获得食物。北极和温带的一些物种会迁徙,热带的物种则常为留鸟
陆禽	在陆地上栖息。体格健壮,嘴短钝而坚硬,腿和脚强壮而有力,爪为钩状,很适于在陆地上奔走及挖土寻食。代表种类有雉鸡、鹌鹑等	喜群居,以植物为食,也取食昆虫和其他小动物。常用草、树叶、羽毛、石块等材料在地面筑巢。大部分种类为留鸟,少部分种类为候鸟
攀禽	生活在树林中,足趾发生多种变化,适于在岩壁、石壁、土壁、树干等处攀缘生活,许多种类体色华丽、各有特色,代表种类有啄木鸟、鹦鹉、杜鹃、雨燕、戴胜、翠鸟等	主要活动于有树木的平原、山地、丘陵或者悬崖附近,也见于水域、农田和居民区周围。多独栖,常白天活动,且没有迁徙行为,少数种为候鸟。大多数种类为热带和亚热带地区特产鸟类
猛禽	体形较大,性格凶猛;嘴和爪锐利,翅膀强大有力,善于捕捉动物。主要包括隼形目(鹰隼类)和号鸟形目(猫头鹰等)两大类	主要食物为鼠类,领域性很强,多单独活动;具有迁徙行为,大多在白天进行,中途有固定的停歇地;大型猛禽常常单独迁徙
鸣禽	善于鸣叫,巧于营巢,代表种类有乌鸦、麻雀、百灵、画眉、山雀等	以各种昆虫为食,常用细草、树叶、草茎、苔藓、毛发等筑巢

注:摘自参考文献[20]。

城市滨水空间中常见的鸟类主要有三种:游禽、涉禽和鸣禽,这三种鸟类的生活习性和对环境的要求各有不同。

(1) 游禽一般为候鸟,代表种有鸳鸯、小天鹅、红嘴鸥和海鸥等。它们喜欢在水中活动,以鱼虾和水草为食,多数会选择在岸边高草丛中营巢,而远离人类干扰的岛屿则是它们筑巢的最佳选择之一。

(2) 涉禽一般为候鸟,代表种有白鹤、池鹰和鸿雁等。它们喜欢在沼泽或水边活动,常以昆虫、田螺、泥鳅和小鱼为食,选择在林中产卵。

(3) 鸣禽一般为留鸟,代表种有画眉、喜鹊、八哥和黄鹂等。它们体型较小,多数以昆虫、杂草和野生植物种子为食,喜欢在常绿和落叶混交林带活动。

根据相关研究,鸟类群落的营造需从四个方面进行环境条件的优化:①充足的浅水区;②适宜的植被环境;③适当的保护屏障;④控制人类活动的干扰。

1. 充足的浅水区

浅水区通常指水深小于 1 m 的区域,具有透光性良好、水温可随气候回暖并迅速升高等特征。浅水区的植物、两栖动物和无脊椎动物都比较丰富,为水鸟提供了充足的食物来源和良好的栖息环境。因此,浅水区对于游禽和涉禽等水鸟来说是非常重要的。根据相关研究,平均水深在 15~20 cm 的栖息地容纳的水鸟种类和数量最多。在营造水鸟栖息地时,浅水区比例宜在 50% 以上,沉水和挺水植物的覆盖率宜在 40%~60% 之间。

为方便涉禽的站立和觅食,应尽量避免淤泥质的河岸边坡,并且坡度不宜超过 1∶10。护坡材料则应选择天然石材、木材、植物和多孔隙生态环保材料等。此外,应重视营造蜿蜒曲折的岸线和水湾,以增加水陆物质交换量,便于水鸟觅食、筑巢和隐蔽等活动。见图 3.4-39。

图 3.4-39　浅水区的鸟类活动

2. 适宜的植被环境

确保充足的食物来源是鸟类群落恢复的关键,食物直接影响着鸟类的迁徙、栖息和繁殖。与人类相似,鸟类的食性也可分为素食和肉食。城市中的植物果实、种子等是素食鸟类的主要食物来源,在植物选择时,可以合理增加浆果类且不容易脱落的植物,并应避免单一物种。肉食鸟类主要食物是鱼类和昆虫,良好的水生、湿生植物群落能促进鱼类、底栖动物的繁衍,而景观异质性越高,昆虫数量则越多。涉禽喜欢在河滩栖息,因为那里生存着大量鱼和甲壳类动物,便于摄食,其中鹭类喜欢选择在植物丰盛度和隐蔽条件较好的区域栖息;鸣禽大部分喜欢在竹林、常绿和落叶混交林中栖息、聚集。因此,有针对性地构建植被环境是鸟类群落营造的重要手段。

植物不仅是水鸟的食物来源之一,还在鸟类栖息环境中发挥着非常重要的作用。一般来说,景观异质性越高,植被的完整性与连通性越好,绿地面积越大,鸟类的种类与数量就越多。设计师应尽量采用本土植物,通过合理搭配营造丰富的植被群落层次,为鸟类提供适宜的生存、繁衍空间。不同鸟类对于植被环境要求有所不同,例如对鹭科鸟类而言,陆地植物高度在 7 m 以上最为适宜,在安全岛屿上高于 1 m 的植被覆盖率应达 60% 以上;对于燕鸥科鸟类来说,水域内湿生植物和灌木丛的覆盖率应控制在 15% 以内,高度也应小于 10 cm,植被过高反而不利于栖息。因此,植被环境应注意多样性的营造,根据鸟的种类进行有针对性的种植。鸟类栖息地分布示意图见图 3.4-40。

3. 适当的保护屏障

鸟类常常利用植被作为它们的保护屏障,以抵御风雨和外部影响。生境营造应重视当地气候因素,尤其需要考虑盛行风向的影响,提出减少风力以及减轻大风侵害的相关策略。

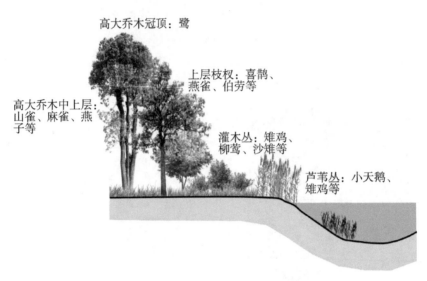

高大乔木冠顶：鹭

上层枝杈：喜鹊、
燕雀、伯劳等

高大乔木中上层：
山雀、麻雀、燕
子等

灌木丛：雉鸡、
柳莺、沙锥等

芦苇丛：小天鹅、
雉鸡等

图 3.4-40　鸟类栖息地分布示意图

常绿树阻挡冬季风的效果显著,落叶树或者常绿落叶组合种植对于夏季风来说更为有效。

4. 控制人类活动干扰

控制人类活动干扰程度是保证鸟类栖息、繁衍的重要因素。鸟类栖息地周边的人类活动必须限制其强度、频度和类型。涉禽对于人类干扰较为敏感,游禽敏感度相对较低。在控制人类干扰方面需要注意的有:①道路和建筑设施应尽量远离栖息地;②在鸟类繁殖期、筑巢期等特殊时期,人类活动应主动避开;③采用掩体和高台等方式进行观鸟;④降低灯光照明强度和广度,为鸟类营建适宜的夜栖环境;⑤布置与人类活动相隔开的安全岛,给鸟类更多的安全感。

适合人工招引与放养的部分涉禽、游禽和鸣禽物种及习性详见表 3.4-9 至表 3.4-11(表格摘自参考文献[21])。

表 3.4-9　适合人工招引与放养的部分涉禽物种

生活类型	动物名称	习性	观赏条件
涉禽	苍鹭、池鹭、牛背鹭、白鹭、夜鹭等	单只或数只在河边、水田、沼泽、滩涂等处活动、觅食,在近水的大树上筑巢,食鱼、蛙、昆虫等	在无水生植物遮挡的情况下,直接接触距离可在 30～50 m 之间。可人工建设观鸟塔和观鸟屋进行观察
	草鹭、白琴鹭、红脚鹬、黑脸琵鹭、小青脚鹬、黑尾塍鹬、林鹬、小杓鹬、金眶鸻、环颈鸻、沙锥、田鸡、灰头麦鸡等	喜在湖泊、沼泽等水域附近的覆盖 3～5 cm 水膜的滩涂活动与觅食,在近水的草丛、灌丛中筑巢,喜水生植物嫩叶、嫩芽、底栖动物及昆虫	
	水雉、白胸苦恶鸟	常在湖面水生植物丰富的莲藕田、菱角塘等处活动,并利用芦苇、茭白和禾本科植物的茎叶在水面上筑巢。以水生植物、水生昆虫及软体动物为食	

表 3.4-10　适合人工招引与放养的游禽物种

生活类型	动物名称	习性	观赏条件
涉禽	绿翅鸭、绿头鸭、罗纹鸭、白眉鸭、花脸鸭、鸳鸯等	多群居于湖泊、江河、水库等处,杂食性,喜食水生植物叶、芽和种子以及昆虫和螺类,偏爱稻谷、麦类,需要在大水面活动	在无沿岸水生植物种植的情况下,与人类直接接触距离为 50～80 m,可人工建设观鸟塔和观鸟屋进行观察
	红头潜鸭、凤头潜鸭、斑背潜鸭等	多群居,善于潜水觅食,以沉水植物、小鱼、底栖动物、蜗牛、昆虫等为食,在大水面游弋活动	
	鸿雁、豆雁、小天鹅、大天鹅、疣鼻天鹅等	栖息于湖泊、江河、池塘等处,喜麦苗、杂草种子和以水生植物的叶、茎为食,也食螺类、蠕虫、昆虫等动物,需在大水面起飞	

表 3.4-11　适合人工招引的鸣禽物种

生活类型	动物名称	习性	观赏条件
鸣禽	白胸文鸟、斑文鸟、燕雀、金翅雀、黄喉鹀、赤胸鹀、黄眉鹀、家燕、黑尾蜡嘴雀、八哥、棕背伯劳等	喜在常绿阔叶与落叶阔叶混交林带结群飞翔,在溪边灌丛寻觅并以昆虫、杂草、野生植物种子等为食	与人类较为亲近,易于放养,观赏距离在 20～30 m 之间

3.4.4.5　鱼类和底栖动物群落

城市水域的鱼类一般是淡水鱼类,其食性会因年龄、季节和栖息环境的不同而有所变化,主要包括草食性、浮游植物食性、浮游动物食性、鱼虾类食性、底栖动物食性、腐屑类食性和杂食性。城市常见淡水鱼类在不同水深的分布及习性情况可参见表 3.4-12。

表 3.4-12　适合城市淡水水系生存的常见鱼类物种

分布范围	动物名称	习性
水深 0.5～1 m	青鳉、泥鳅、黄鳝	湖泊、河流、池沼等水域的浅水区以及滩涂淤泥底层和石隙,摄食藻类、底栖动物和浮游动物。青鳉喜食孑子,可控制蚊子滋生
水深 1～2 m	鲢鱼、鳙鱼、鳡鱼	活动于水流较缓的敞水区,以浮游动物、浮游植物、藻类和水生维管束植物为食。鳡鱼为食鱼性鱼类
水深 2～3 m	鲤鱼、鲫鱼、草鱼、青鱼、鳊鱼、鳜鱼	常在湖泊、河流中下层活动,以螺、蚌、虾等底栖动物以及藻类、浮游动物、有机碎屑和水生维管束植物为食。其中,鲫鱼、鲤鱼喜水底有 10～15 cm 厚的底泥,草鱼为草食性鱼类,鳜鱼为食鱼性鱼类
水深 3 m 以下	鲇鱼、鳗鲡	喜食水生昆虫和其他鱼类的幼苗

注:摘自参考文献[21]。

底栖动物一般长期生活在底泥中,或者依附于岩石和植物表面,通常摄食水中的悬浮物和沉积物,具有迁移能力弱、区域性强等特点。由于底栖动物回避能力较差,环境被污染后,群落很容易遭到破坏,并且重建时间会比较长。底栖动物在食物链中发挥着提供食物源的重要作用,底栖动物对底泥的取食及自身的生物扰动,以及对物质循环和能量流动造成一定的影响。根据相关研究,城市水域常见的底栖动物种类及习性见表 3.4-13。

表 3.4-13　适合城市淡水水系生存的常见底栖动物

种类	动物名称	习性
甲壳类	中华束腰蟹、河蟹、浙江华溪蟹、绩溪华溪蟹、长江华溪蟹、平原华溪蟹	穴居于泥岸、滩涂的泥洞中或山溪水浅的石块下,以浮游植物、藻类、水生维管束植物和部分底栖软体动物为食
	日本沼虾等	生活于淡水湖泊与河口附近,以甲藻、硅藻和软体动物为食
软体动物	纹沼螺、大沼螺、长角涵螺、蚬、河湄公螺、丽蚌等	常出现在水质较好、水流较缓、水草丛生的水域,常附着于水草上或栖于底泥中,以藻类、有机碎屑为食
	中华圆田螺、赤豆螺、淡水蛏、高顶鳞皮蚌、湖球蚬等	常见于水草茂盛的湖泊、河流的静水区,喜栖于泥沙、淤泥的底质环境或附着于卵石、驳岸,以水生植物的叶及低等藻类为食

注:摘自参考文献[21]。

食物源恢复与生境恢复是营造鱼类和底栖动物群落的两个重要途径。

1. 食物源恢复

选用鱼类和底栖动物可取食的乡土植物,构建稳定的水生植物群落,通过配置"挺水—浮叶—漂浮—沉水"多层次结构,完善食物链。水生植物群落非常有利于底栖动物生物量和多样性的提高,而丰富的底栖动物为鱼类提供了稳定的食物来源。

2. 生境恢复

多孔隙及富有变化的水底环境能够有效地为鱼类和底栖动物提供躲避、栖息、繁衍的场所。多孔隙的环境能容纳更多的水分和空气,有利于细菌、微生物的生长,促进其分解代谢,保证底层生物食物链的循环。营造多孔隙水域生境的方法有很多,例如,在滨水区安放枯木、树根,设置鱼礁、鱼巢,以及种植水生植物;对河道进行蜿蜒化的改造,通过添加卵石、木桩、营造水湾等方法改善水体结构,恢复鱼类产卵地;在某些水流湍急区段设置挡水结构以减缓水流,为鱼类提供安全的休眠环境。

3.4.4.6　其他动物群落

城市滨水空间其他常见动物主要有昆虫、两栖类、爬行类和小型兽类等。它们的生存与地形地貌、温度、污染物等非生物环境有着密切的联系;同时,它们本身也存在营养间的关系,彼此相互依存,相互制约。城市滨水空间可选择性恢复的常见其他动物种类及习性可参见表 3.4-14。

表 3.4-14　可选择性恢复的两栖、爬行及小型哺乳动物物种

生活类型	动物名称	习性
树栖	赤腹松鼠、长吻松鼠、红背鼯鼠等	营巢于乔木树洞或高枝浓密处,多在常绿阔叶林、次生灌丛、果树林带出没,以各种坚果如松子、栗果及浆果、水果、粮食作物及昆虫和植物嫩叶为食
陆栖	华南兔	哺乳动物栖于浅草坡、灌丛、林缘的穴洞中,以草本植物、农作物等为食

生活类型	动物名称	习性
水陆两栖	义乌小鲵、东方蝾螈	繁殖季节多见于水质清澈的山溪、水潭中,潜伏在水底或水生植物中,成年个体在陆地潮湿泥土、石块下穴居。以蚯蚓、蝌蚪、马陆等为食
	弹琴蛙、泽蛙、无斑雨蛙、金线蛙、阔褶蛙、虎纹蛙、小弧斑姬蛙、日本林蛙、中华蟾蜍等	多在池塘、水潭等静水区域进行繁殖活动,成年个体常在灌丛、草丛中活动,栖于石隙、土穴、植物根穴中,捕食蝗虫、蝇、蚊、金龟子、叶甲虫、蚁以及蜗牛、蚯蚓等
	中华鳖、平胸龟、乌龟、黄喉拟水龟等	生活在水质清澈的湖泊、河流、池沼以及水潭边潮湿的草丛、石堆中,食性广,以小鱼、小虾、螺类、蚯蚓、蛙等为食,也吃植物茎叶、各种粮食、瓜果

注:摘自参考文献[21]。

3.4.5　具有显著创新特色

优秀的生态景观设计作品一般都具有显著的创新特色,例如,设计理念的创新、设计形式的创新或者新材料的运用。

3.4.5.1　设计理念创新

在引入生态学理念之后,景观设计的思想和方法发生了重大转变,"师法自然",改善并优化人与自然的关系成为主流设计理念。本书特别要强调一下"保护"与"设计"并重的理念,加拿大温哥华史丹利公园的鲑鱼溪流就是践行这一理念的典型代表,它以美观性和生态性作为建设和设计过程中的原则。史丹利公园改造后仍然是自然状态,改造的设计与原有环境融为一体。设计师利用不同的溪岸和河床环境为大马哈鱼提供了洄游产卵和栖息的场所,同时向游客和市民很好地展现了这一自然过程,让人们既能够欣赏到城市中心溪流的美丽风景,又能更好地理解人类与自然的关系,具有非常显著的生态意义。见图 3.4-41 和图 3.4-42。

3.4.5.2　设计形式创新

设计理念需要通过外在的形式来表现,设计师应重视和研究现代景观形式语言的创新。然而在很多的景观设计方案中,理念与形式常常脱节,"有概念、没手法"成为一种普遍现象。更有甚者,不加区别地照抄、照搬国外的设计手法和表现形式,最终导致理念沦为噱头。

中国传统的美学观念是崇尚自然,擅长利用地形地貌,借用自然材料的机理与色彩,再辅以植物配置,创造出和谐统一的优美环境空间。人们的审美体系不是一成不变的,它会随着时代的演变而不断扩展,例如,现代艺术思想对工业景观的理解,锈迹斑斑的高炉、老旧的工业厂房、废弃的机械设备都可以被视作艺术品,这些工业遗迹蕴含技术之美,也是人类历史遗留的文化景观。工业景观所呈现出来的结构形式,采用的材料肌理,以及所塑造的场地风景,同样能够打动人心。见图 3.4-43。

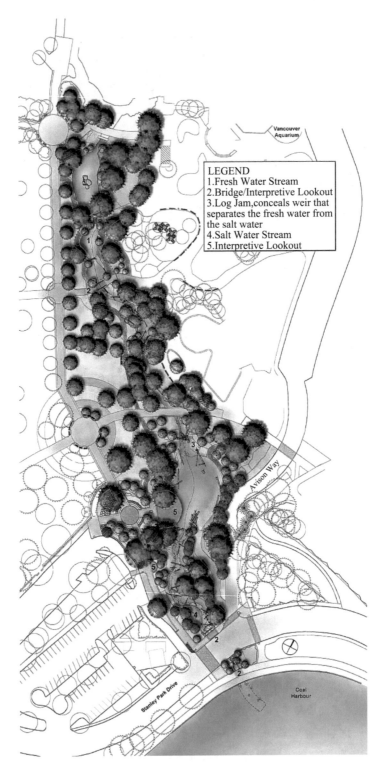

图 3.4-41 史丹利公园鲑鱼溪流平面图

(图片来自网页 https://huaban.com/pins/1279659589.)

图 3.4-42　史丹利公园鲑鱼溪流照片

图 3.4-43　将工业遗迹作为景观元素

　　西班牙贝尼多姆市海滨长廊的设计形式独树一帜,这座长廊不仅是防御海浪侵袭的堤防,也是连接城市和滨海区域的枢纽,其设计灵感来自海浪冲上沙滩形成的破浪曲线,视觉上它是海浪的延伸。长廊的弧线视觉冲击性极强,它们依据几何规则组合而成,在横向和竖向上均可灵活变化。从功能上讲,弧线增加了很多空间的交错,探出来的弧线成了活动平台,可以观赏海景;同时,平台下面形成了有遮阴的休息空间。这种弧线的形式给人以使用的趣味性和随意性,使得人们走在上面不会感到乏味。见图 3.4-44 至图 3.4-46。

图 3.4-44　西班牙贝尼多姆市海滨长廊俯视图

图 3.4-45　贝尼多姆市海滨长廊弧线形态防浪墙

图 3.4-46　贝尼多姆市海滨长廊细部图

3.4.5.3　新材料的运用

　　景观设计效果在很大程度上是通过材料来表达的,材料是构成景观必不可少的条件和基础。现代科技的发展带来了材料技术上的创新和突破,人们对于材料的选择已经不再局限于传统的石材、木材和砖瓦等,越来越多的新型材料被应用到工程中。新材料的发展呈现出生态化、多样化和本土化的趋势,运用时应遵循以下三点原则:

　　(1)遵循 4R 原则(Re-new,Re-cycle,Reuse,Reduce)。选用的材料应具备可更新、可循环、可再用、减少废弃污染物的属性。

　　(2)重视对乡土景观材料的利用。乡土景观材料的特点是原生态、取材方便和经济节能,符合低碳社会要求。

　　(3)尽量采用能够重复利用的材料。材料循环利用率的提高有利于节能降耗,有利于减少环境污染。

景观工程常用的石材、木材都属于不可再生的能源,随着社会和城市的快速发展,它们的消耗量越来越大。而开采石材、砍伐树木都会对生态环境造成极大的破坏,因此,一直以来人们都在积极寻找可替代它们的生态环保材料,例如,用高耐竹木替代木材,高耐竹木是一种复合新型材料,以竹子为基础,经过深度碳化,经久耐用,色泽自然,木质感觉明显,不易开裂变形;用塑木代替木材也已经屡见不鲜,塑木是用热塑性树脂和天然纤维经过改良和混合搭配而成的复合材料,具有木材和塑料的共同优点。见图3.4-47。

图 3.4-47 高耐竹木与塑木照片

目前,可替代花岗岩的材料主要有 PC 砖和生态铺石两种。见图 3.4-48。PC 砖也称为预制装配式混凝土。生态铺石也是一种非常有效的替代传统花岗岩石材的合成材料,它将废弃的陶瓷与建筑的一些废弃垃圾作为基础原料,通过高温烧制融合产生的一种效果出色的铺装材料,基本可以替代天然石材使用。

图 3.4-48 PC 砖照片与生态铺石路面

透水铺装随着"海绵城市"理念的深入,已经得到了比较广泛的推广,采用透水混凝土沥青或者透水砖代替传统铺装材料,它们能够快速渗水,减少路面径流,减少噪声。

近年来,在"海绵城市"建设中出现了一种以沙漠中的风积沙作为原料研制而成的透气防渗砂,利用该材料制成的透气防渗毯和硅砂蓄水池同样具有防渗、透气的性能,在实现防渗的同时不隔断水体与大地之间的联系,能够有效保护水质,避免常见的水质恶化、黑臭等现象的发生。

　　除了上述各类新材料,利用建筑垃圾制成再生砖进行重复再利用,对于减少环境污染、降低能耗以及践行低碳理念具有非常重要和现实的意义。

　　各类材料的使用效果图见图 3.4-49 至图 3.4-54。

图 3.4-49　透水砖与透水沥青路面

图 3.4-50　透气防渗砂

图 3.4-51　透气防渗毯

图 3.4-52　硅砂蓄水池

建筑垃圾　　　粉碎　　　　再生骨料　　　机械压制　　　成品再生砖

图 3.4-53　再生砖制作工序

图 3.4-54　再生砖照片

3.5　水利专业设计要点

3.5.1　水利规划要求

水利规划是进行水利工程设计的重要依据,内容一般包括防洪规划、除涝规划和水资源保护规划等。

(1)防洪规划主要包括:分析流域或地区的洪水成因、洪水特性及其规律;分析各主要河道(河段)的自然条件、特点;研究上下游在一定洪水标准下合理的蓄、滞、泄关系;研究在正常防洪标准时和超过正常标准时的防洪工程措施与防洪非工程措施等。

(2)除涝规划主要包括:分析涝区自然特点、致涝成因及其与其他灾害的关系;研究分区除涝方向与各种可能的措施组合;研究分区的排水方式与相应的骨干工程布局;研究典型地区面上的排水系统等。

(3)水资源保护规划主要包括:评价现状下河道分段的水质;分析规划范围内各类污染源;预测不同规划水平年的污染负荷量和水质变化;研究保护水资源应采取的措施等。

水利规划还对城市河网水系及圩区布局进行规划,明确河道蓝线的范围,明确城市河道水面率,确保河道的过流能力和河网水系的调蓄能力。在进行城市滨水空间设计时必须符合水利规划的相关要求。

3.5.2　主要设计标准及参数

3.5.2.1　防洪标准

《城市防洪工程设计规范》(GB/T 50805—2012)根据区域的重要性和防护对象的重要性,规定了防洪工程等别,详见表 3.5-1。防洪工程设计标准根据防洪工程等别、灾害类型确定,详见表 3.5-2。

表 3.5-1　城市防洪工程等别

城市防洪工程等别	分等指标	
	防洪保护对象的重要程度	防洪保护区人口(万人)
Ⅰ	特别重要	≥150
Ⅱ	重要	≥50 且<150
Ⅲ	比较重要	>20 且<50
Ⅳ	一般重要	≤20

注:防洪保护区人口指城市防洪工程保护区内的常住人口。

表 3.5-2　城市防洪工程设计标准

城市防洪工程等别	设计标准（年）			
	洪水	涝水	海潮	山洪
Ⅰ	≥200	≥20	≥200	≥50
Ⅱ	≥100 且<200	≥10 且<20	≥100 且<200	≥30 且<50
Ⅲ	≥50 且<100	≥10 且<20	≥50 且<100	≥20 且<30
Ⅳ	≥20 且<50	≥5 且<10	≥20 且<50	≥10 且<20

注：1. 根据受灾后的影响、造成的经济损失、抢险难易程度以及资金筹措条件等因素合理确定；
　　2. 洪水、山洪的设计标准指洪水、山洪的重现期；
　　3. 涝水的设计标准指相应暴雨的重现期；
　　4. 海潮的设计标准指高潮位的重现期。

根据《堤防工程设计规范》(GB 50286—2013)，堤防工程的级别应根据确定的保护对象的防洪标准，按表 3.5-3 的规定确定。

表 3.5-3　堤防工程的级别

防洪标准[重现期(年)]	≥100	<100 且≥50	<50 且≥30	<30 且≥20	<20 且≥10
堤防工程的级别	1	2	3	4	5

3.5.2.2　除涝标准

城市涝水治理应根据城市地形、地貌，结合排涝河道和蓄滞涝区等排涝布局，充分利用城市自排条件，自排条件受限制时，结合排涝泵站进行排水。城市的除涝标准应满足城市总体规划和城市防洪规划。根据《治涝标准》(SL 723—2016)，在城市涝区设计暴雨重现期应根据其政治经济地位的重要性、常住人口或当量经济规模指标，按表 3.5-4 的规定确定。

表 3.5-4　城市设计暴雨重现期

重要性	常住人口(万人)	当量经济规模(万人)	设计暴雨重现期(年)
特别重要	≥150	≥300	≥20
重要	<150，≥20	<300，≥40	20~10
一般	<20	<40	10

注：当量经济规模为城市涝区人均 GDP 指数与常住人口的乘积，人均 GDP 指数为城市涝区人均 GDP 与同期全国人均 GDP 的比值。

3.5.2.3　防洪高程确定

城市堤防高程应满足防洪高程要求，防洪高程则取决于江河沿程的设计洪水位。江河沿程设计洪水位应根据设计防洪标准、控制站的设计洪水流量及相应水位，分析计算设计洪水水面线后确定。堤防或防洪墙顶高程可按下列公式计算确定：

$$Z = Zp + Y$$

$$Y = Zp + R + e + A$$

式中：Z——堤顶或防洪墙顶高程（m）；

　　　Y——设计洪（潮）水位以上超高（m）；

　　　Zp——设计洪（潮）水位（m）；

　　　R——设计波浪爬高（m），按《堤防工程设计规范》（GB 50286—2013）的有关规定计算；

　　　e——设计风壅增水高度（m），按《堤防工程设计规范》（GB 50286—2013）的有关规定计算；

　　　A——安全加高值（m），按《堤防工程设计规范》（GB 50286—2013）有关规定取值，详见表 3.5-5。1 级堤防工程重要堤段的安全加高值，经过论证可适当加大，但不得大于 1.5 m。当山区河流洪水历时较短时，可适当降低安全加高值。

表 3.5-5　堤防工程的安全加高值

堤防工程的级别		1	2	3	4	5
安全加高值（m）	不允许越浪的堤防	1.0	0.8	0.7	0.6	0.5
	允许越浪的堤防	0.5	0.4	0.4	0.3	0.3

国内很多大中型城市的防洪标准一般为 100～200 年一遇，像上海这样的特大城市甚至达到 1 000 年一遇。在这样的防洪标准下，堤顶或防洪墙顶高程的计算结果往往比较高，在河口处设置高挡墙虽然可以满足防洪要求并节约用地，但对城市景观影响很大，生态性明显不足，"近水不见水"，民众无法享受到亲水的乐趣。因此在滨水空间的设计中，可以考虑将洪水设防线适当后撤，并尽量与城市其他设施相结合，设防线内侧应布置能够适应多种洪水标准的生态景观和人文设施，例如，在多年平均水位附近布置亲水步道或广场等。总而言之，城市河道洪水设防线的布置不应教条主义，而是需要因地制宜，在确保安全的前提下兼顾生态和人文景观。

3.5.2.4　安全稳定验算

滨水空间的水利工程设施的安全稳定应符合堤防或防汛墙相关设计规范的要求，根据《堤防工程设计规范》（GB 50286—2013）或《水工挡土墙设计规范》（SL 379—2007）中的要求，需要进行计算的主要内容可参见表 3.5-6。

表 3.5-6　安全稳定计算项目列表

序号	计算项目	计算公式	设计规范
1	边坡整体稳定计算	附录 D.1.1 附录 F.0.3、F.0.4、F.0.5	《堤防工程设计规范》 （GB 50286—2013）
2	防洪墙抗滑稳定安全计算	附录 F.0.6	同上
3	防洪墙抗倾安全计算	附录 F.0.7	同上

续表

序号	计算项目	计算公式	设计规范
4	渗流稳定计算	附录 E	同上
5	防洪墙基地应力计算	附录 F.0.8	同上
6	地基沉降计算	第9.3章节	同上
7	结构强度计算		《水工钢筋混凝土结构设计规范》(SL191—2018)
8	桩基结构稳定性计算		《建筑桩基技术规范》(JGJ94—2018)

在水利工程的安全稳定验算中,地形、地质条件与水位组合是特别需要重视的因素。与一般建筑工程不同,水利工程的水下地形因水流的作用常处于变化之中,泥面的淤积或者冲刷都会对工程的安全稳定造成影响,验算时应对其变化的趋势和幅度进行准确预测,考虑足够的安全裕度。地质条件是影响工程安全稳定的决定性因素,工程中出现的安全稳定事故常常与忽视不良地质条件有关,软土地基与岩石地基都可能存在此类问题,勘察设计人员必须全面掌握地质情况,并根据施工时发现的问题及时进行调整和优化。选取合理的水位组合是满足规范要求的前提条件,设计人员需分析各种水位组合的概率,采用极端的水位组合虽然能确保安全,但会给工程造成不必要的浪费。

3.5.3　平面及断面设计要点

城市河流的功能是综合性的,河流的平面及断面设计除了应满足基本的防洪除涝安全要求外,还需重视对河流多样性生境的打造,充分发挥其生物栖息地功能、生态廊道功能和生态净化功能。河流形态的多样化以及水文条件的周期性变化,造就了丰富的生境多样性,从而形成河流生物群落的多样性。1989 年,Ward 等[21]提出河流四维连续体模型的概念,该模型将河流定义为四维生态系统,具有横向(x 轴)、纵向(y 轴)、竖向(z 轴)和时间(t 轴)四个分量。该模型强调了河流生态系统的连续性,"连续"不仅仅是指地理空间上的连续,更重要的是指环境和生物过程上的连续。见图 3.5-1。

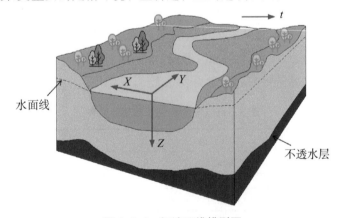

水面线

不透水层

图 3.5-1　河流四维模型图

（1）在横向上，主河道、河漫滩和部分陆域共同构成了小尺度的生态系统，它们之间存在着物质流、能量流和信息流等多种联系。设计方案应考虑河流横向的连续性，不应让河岸堤坝之类的构筑物建设阻碍这种联系。

（2）在纵向上，河流是一个完整的连续体，它的上、中、下游发生着连续的物理、化学和生物变化，下游的环境及生物过程与上游密切相关。设计方案应充分考虑河道上、中、下游之间的连通性，不应让堰、坝破坏了纵向水流和生境的连续性。

（3）在竖向上，河流与地下水之间存在相互作用的关系，而生活在河床基底中的生物体也与河流相互影响。设计方案应重视河流竖向的连续性，选择透水并且多空隙的河床材料，确保河道与基底之间的连通性，同时也为生物提供良好的栖息场所。

（4）在时间上，河流不是一成不变的，每一条河流都有它自己的演化发展历史，需要从时间的维度分析河流变化与生态过程之间的关系。

3.5.3.1　平面形态设计要点

1. 河流弯曲系数设计

蜿蜒曲折是自然河流的一般形态，由于地形、地质等各种原因，河道在流淌的过程中会产生冲刷与淤积，凸岸的水流横向流向凹岸，形成浅滩与深潭的交错分布。河流的平面形态可归纳成 3 种类型：顺直微弯型、蜿蜒型和分汊型。见图 3.5-2。

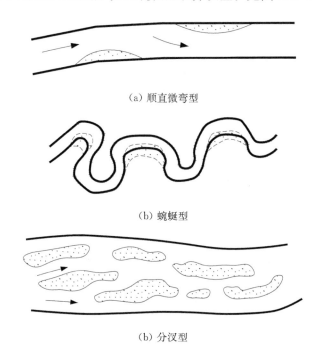

（a）顺直微弯型

（b）蜿蜒型

（b）分汊型

图 3.5-2　河道平面形态种类

河流的弯曲系数代表了河流弯曲的程度，弯曲系数的计算如下：

总弯曲系数：$TS=$河道长度/直线长度

河谷弯曲系数:$VS=$河谷长度/直线长度

水力弯曲系数:$(TS-VS)\cdot 100/(TS-1)$

地形弯曲系数:$(VS-1)\cdot 100/(TS-1)$

直线型河道 $TS=1.0\sim1.05$,微弯型河道 $TS=1.05\sim1.3$,蜿蜒型河道 $TS=1.3\sim3.0$。河流的蜿蜒结构可根据《河流水生生物栖息地保护技术规范》(NB/T 10485—2021)附录 B 经验公式进行计算。在进行河流蜿蜒结构设计时,可将河道概化为类似正弦曲线的平滑曲线,并用一系列方向相反的圆弧和直线进行拟合。蜿蜒型河道可采用的特征要素表述见图 3.5-3。

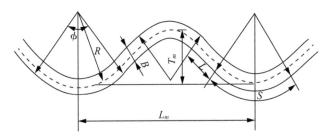

图 3.5-3　蜿蜒型河道特征要素

图中:R—弯曲半径;ϕ—中心角;L_m—弯曲波长;T_m—弯曲弧度;S—弯曲弧长;L—过渡段长度;B—河道满流时平均宽度。蜿蜒型河道特征要素值可按下列公式计算:

$$R=K_R B$$

$$L_m=K_L B$$

$$T_m=K_T B$$

$$L=KB$$

式中:K_R——弯曲半径系数,可通过类比法确定,取值范围 $1.5\sim4.5$;

K_L——弯曲波长系数,可通过类比法确定,取值范围 $12\sim14$;

K_T——弯曲弧度系数,可通过类比法确定,取值范围 $4\sim5$;

K——过渡段长度系数,可通过类比法确定,取值范围 $1\sim5$。

蜿蜒型河道具有显著的生态意义,具体如下:

(1)蜿蜒型河道具有更好的空间异质性,能够为不同物种提供丰富的生境,有助于提高河道的稳定性和生物多样性。

(2)蜿蜒型河道存在着浅滩和深潭,光照、水温、含氧量和生物所需营养物质等都会随水深的变化而发生变化。浅滩具有优越的光热条件,比较容易形成湿地,可为各类动物等提供栖息、繁衍的空间;深潭中生物群落分层现象明显,对环境资源的利用能力较强。

（3）蜿蜒型河道有利于形成缓流区，缓流区的水力停留时间较长，有利于河道污染物的降解和水体悬浮物的沉降。

从行洪和排涝角度来看，相比顺直型河道，蜿蜒型河道对水流的阻力更大，因此，为了确保城市的防洪除涝安全，人们常常在没有经过充分论证的情况下，粗暴地将河道裁弯取直，以便快速排水。很多河道被人为地渠道化，丧失了自然形态的美感，极大地破坏了空间异质性，生态服务功能被严重削弱。随着生态文明建设的深入，人们逐步认识到，城市河流的功能是综合性的，针对每条河道的主要功能，应区别对待，以满足多方面的需求。见图 3.5-4。

图 3.5-4　恢复自然蜿蜒型河道的平面形态

2. 河流浅滩、深潭格局设计

河流的浅滩、深潭格局可根据《河流水生生物栖息地保护技术规范》（NB/T 10485—2021）附录 C 经验公式进行设计。根据河道地形，浅滩间距宜选取 3～10 倍的河道宽度，对于纵坡较陡的河道，浅滩间距宜选取 4 倍的河道宽度；对于纵坡较缓的河道，浅滩间距宜选取 8～9 倍的河道宽度。冲积型河流的浅滩间距宜按下式计算：

$$L_r = \frac{13.601 B^{0.298\,4} d_{50r}^{0.29}}{i^{-0.205\,3} d_{50p}^{0.136\,7}}$$

式中：L_r——相邻浅滩之间距离（m），可近似为弯曲河段的弧长；

　　　B——河道平均宽度（m）；

　　　d_{50r}——浅滩河床质中值粒径（mm）；

　　　d_{50p}——深潭河床质中值粒径（mm）；

i——河道平均坡降(‰)。

根据自然河流的特征规律,深潭宜布置在河流弯道近凹岸处,浅滩宜布置在相邻弯道间过渡段。深潭深度宜为越冬鱼类体长的 2~3 倍,最深点宜位于深槽长度的一半处。浅滩、深潭格局宜按图 3.5-5 进行布置。

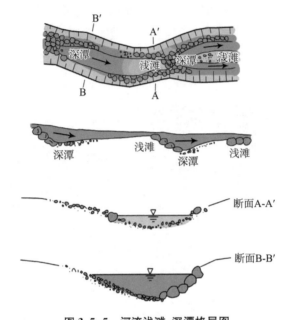

图 3.5-5　河流浅滩、深潭格局图

(改绘自《河流水生生物栖息地保护技术规范》)

综上所述,城市河道平面形态设计要点如下:

(1) 选择适宜的河道平面蜿蜒度,顺应自然,控制裁弯取直,综合考虑行洪安全、生态景观、生境营造和水质提升等多个方面的因素。

(2) 努力构建多样化的生境,宜根据现状河道走向,保留及恢复河道的自然弯曲形态,对于用地较为宽裕的河道,宜结合地形适当布置浅滩、深潭、湿地或生态岛等。

(3) 兼顾高水位和低水位时的不同需求,河道高水位时,平面形态应尽量平顺,以利于快速排水,确保城市安全;河道低水位时,平面形态宜蜿蜒曲折,有效延长河水流经时间,有利于营造生态景观和提升生态净化水平。

(4) 重视对设计河道历史演变情况的调查研究,当情况不明时,可参考附近水文地貌特征相类似的河段作为模板,而且被参照的河段必须是稳定的。见图 3.5-6。

3.5.3.2　断面形式设计要点

自然河流在一年之中存在丰水期和枯水期,其流量和水位是周期性循环变化的,河道的典型断面通常包括河床、河滩地和阶地等地貌(见图 3.5-7)。河滩地是指丰水期被淹没,平时出露在水面以上的河谷谷底部分。河流阶地是指一般洪水位淹没不了的谷底部分,宽度较宽,呈阶梯状沿河分布于谷坡上。

图 3.5-6　浅滩、湿地和生态岛组成的多样河流平面形态实景图

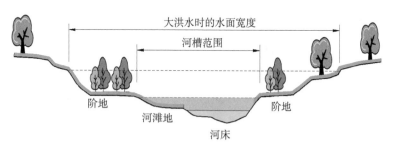

图 3.5-7　典型的自然河流断面图

　　自然河流的横断面形状是多样化的,是不规则的断面,常常也交错出现深潭、浅滩和湿地。由于水文条件的周期性循环变化,自然河流的浅滩、湿地也呈现出周期性的变化,丰水期水生植物占据优势,当水位下降以后,湿生植物种群则占据主导地位,形成一种脉冲式生物群落变化模式。对于生态流量有保证的河道,水生植物、鱼类和各类软体动物的种类和数量都比较丰富,它们是鸟类的食物来源,而鸟类和鱼类粪便又能够促进水生植物的生长,从而形成复杂和稳定的食物链。见图 3.5-8。

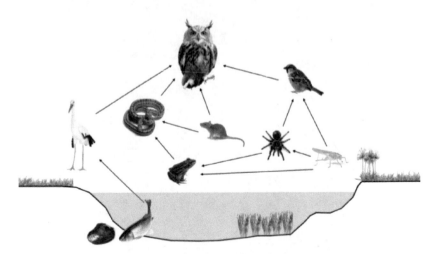

图 3.5-8　河流区域典型食物链示意图

在传统水利工程中,河道断面形式主要有三种:矩形断面、梯形断面和复式断面。河道设计断面常常是由几何线条构成,一般左右对称、整齐划一,虽然便于施工,但却导致空间异质性比较差,不利于多样性生境的构建。现代生态设计重视从河道形成机理来设计断面方案,突破工程思维的限制,矩形或梯形的简单做法被抛弃,而是将自然界河道形态的特点进行提炼后导入断面设计中,最大限度地模拟自然的生态河道。本书将城市生态河道断面设计的要点总结为四点:①确保河流横向的连通性;②重视河流纵向的连通性;③保持断面形态的多样性;④能够适应丰、枯水位变化。

1. 确保河流横向的连通性

虽然城市用地相对比较紧张,但是河道横断面宽度还是应该遵循"宜宽则宽"的原则,并且河道两岸尽量预留生态缓冲带。确保河流横向的连通性可以有多种策略,例如,恢复河流自然状态下河道横断面的宽度,堤防适当后移,给洪水以空间等。河道断面设计方案应使河流在丰水期保持主流与副河道、池塘、湿地的连接,形成诸如辫状水系、生态岛、沙洲等自然景观。此外,设计在考虑河流横向连通性的同时,应注意融入"自然积存、自然渗透、自然净化"的"海绵城市"理念,对雨水径流进行全过程的管理,削减入河污染物。

2. 重视河流纵向的连通性

在纵向上,河流的工程布置应合理过渡衔接,重视河流纵向的连通性,维护上下游水沙输送畅通,确保下游生态流量,避免阻隔鱼类洄游。河道的纵坡设计应结合现状河床的地貌特征、水力条件等因素,因地制宜,分段确定,对于纵坡较陡、蓄水能力较差的河段,可采取增强河道滞蓄水体能力的措施。

3. 保持断面形态的多样性

天然河道的河底均为锅底形,岸坡也是不规则的形状,而传统的河道整治工程很多是把河底整平,把岸坡削平,变成几何规则断面。为了营造生境的异质性,设计方案应在满足防洪排涝、通航所需要的最小过流断面的前提下,保留或模拟岸坡、槽滩、深潭、沙洲等多样化的天然形态,形成有深有浅、生态自然的河道断面。河道断面的多样性将增加生境的异质性,水深、流速更加多变,有效增加水中的含氧量,既有利于生物的多样性,生态景观效果也得到了更好的体现。参见图 3.5-9。

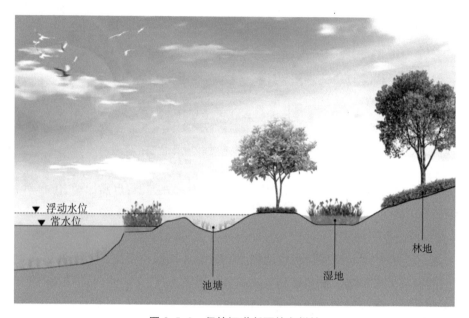

浮动水位
常水位

池塘　　湿地　　林地

图 3.5-9　保持河道断面的多样性

4. 能够适应丰、枯水位变化

河道的生态景观受到周期性水文条件的影响,设计断面必须能够适应不同的水位和水量。在北方或者山地地区,丰水期河道流量很大,河道需要较宽的断面以满足防洪的需要,然而,平时河道水量比较小,导致生态景观较差。为适应丰、枯水位的周期性变化,河道断面设计可以采取多层台地的断面结构,在枯水季节确保河道的生态流量,形成连续的"蓝带",为各类水生动植物提供基本的生存条件;在丰水期流量较大时,允许滩地和台地被淹没,确保河道过流断面面积。这些在丰水期允许被淹没的滩地和台地,平时可以成为城市中理想的滨水公共开放空间,发挥其良好的亲水性,供市民休闲游憩。见图 3.5-10。

3.5.4　生态护岸设计

3.5.4.1　生态护岸定义及种类

传统水利工程护岸一般比较重视防洪、排涝、航运等基础性功能;同时,为了节约城市土地,护岸结构大量采用钢筋混凝土、浆砌块石等材料,水土之间的自然联系常常被人为隔断。近年来,生态护岸越来越受到重视,生态护岸除了满足传统水利工程的基本要求外,还兼顾环保、景观、生态等因素,考虑的对象更加多元,包括径流污染控制、生境营

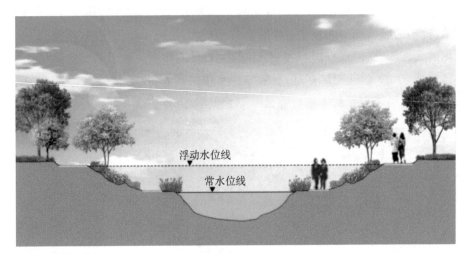

图 3.5-10 河流能够适应丰、枯水位变化

造、动物栖息和生物多样性等。生态护岸大致可分为三种类型：自然原型、仿自然型和人工自然型。

1. 自然原型生态护岸

自然原型生态护岸是指保持河道两侧原有的陆地植被和岸边自然生长的水生植物，形成自然的原生生态系统。自然原型生态护岸利用植物自身功能，发挥护坡固土、削减径流污染和净化水体的作用，同时吸引动物、昆虫在此繁衍栖息，形成良性的生物链。见图 3.5-11。

（1）适用条件：适用于坡度较缓，水流流速较小、对岸坡冲刷能力较弱的城市河湖岸坡。

（2）具体措施：在原生河滨带种植垂柳、水杉、池杉、落羽杉等乔木，以及种植芦苇、香蒲、菖蒲等水生植物，利用它们的根系来固土护坡。

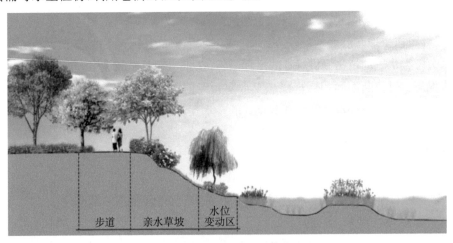

图 3.5-11 自然原型生态护岸断面图

2. 仿自然型生态护岸

仿自然型生态护岸是指采用天然材料(例如木材、卵石、块石等),结合植物配置进行固土护坡,打造仿自然的滨水生态系统。见图 3.5-12。

(1) 适用条件:适用于流速较大,有一定坡度的城市河湖岸坡。

(2) 具体措施:主要有木笼或木桩护岸、叠石块石护岸、椰棕纤维垫(卷)护岸等。仿自然型生态护岸可创造自然的滨水岸线,天然材料有利于生物栖息环境的营造,具有很好的生态效益。

图 3.5-12　仿自然型生态护岸

3. 人工自然型生态护岸

人工自然型生态护岸是在自然原型生态护岸的基础上利用绿化混凝土、生态砌块、土工材料(如三维土工网、生态袋、土工格室)等人工材料,在确保河湖岸坡安全稳定的同时,营造动植物的栖息环境。相比自然原型生态护岸和仿自然型生态护岸,人工自然型生态护岸具有更强的抗水流冲刷能力,生态效应和景观效果也比较好。

(1) 适用条件:适用于流速较大、冲刷较强的城市河湖岸坡,对于有滨水建筑物需要保护的岸段较为适用。

(2) 具体措施:主要采用绿化混凝土、钢筋混凝土预制篮筐、自嵌式砌块、土工材料等人工材料。人工自然型生态护岸的整体性好,抗水流冲刷能力强,同时透水透气,不过稳定生态系统的形成需要经过一定的时间。

3.5.4.2 生态护岸设计要点

根据相关研究和工程实践,生态护岸的设计要点可总结为如下四点:

(1)安全第一,必须首先满足防洪除涝和安全稳定要求。

(2)生态优先,人水和谐。根据水文分析和本土植物调查成果,在不同区域、不同高程选择适宜的植物物种,营造乡土植物群落;打造生态廊道,满足动物的栖息、迁徙和繁衍需求;满足城市居民的亲水需求。

(3)尽量运用天然材料,人工材料选择多孔结构,减少刚性硬质结构。

(4)纳入海绵城市的理念,发挥生态护岸对径流污染的控制和削减作用。

需要强调的是,生态护岸的安全稳定绝不能因为重视生态而被忽视,安全稳定是前提条件。此外,生态本身是一个系统,本书作者认为,孤立地评价一座挡墙是不是生态,并没有太大意义,而应该将它放到整体系统中加以考量。

3.5.4.3 生态护岸形式

1. 植物护岸

植物护岸是一种完全依靠植物来保护河道岸坡的护岸形式,通过有计划地种植植物,利用植物根系锚固加筋的力学效应和茎叶的截流降雨、削弱溅蚀作用,来消浪防淘刷,减小水土流失,同时抑制地表径流的水文效应。见图 3.5-13。

图 3.5-13 植物护岸实景图

2. 木桩护岸

将经过防腐处理后的木桩底部削尖,然后密排打入土中,用以加固土质边坡,防止水位变动区的水土流失。木桩桩顶不一定完全对齐,可以设置成参差不齐、错落有致的自然形态。木桩护岸不会隔断水岸联系,不会破坏河道生态系统的完整性,具有较好的生态景观效果。见图 3.5-14 和图 3.5-15。

3. 景观叠石护岸

景观叠石护岸采用天然石头配合植物对岸坡进行保护,根据景观设计要求,挑选大

图 3.5-14　松木桩

图 3.5-15　木桩护岸实景图

小不同、厚薄不一的石头进行组合,石头堆放时需注意曲折变化,呈现出平面波折、立面起伏的自然姿态。置石区域与植物配置相映成趣,两者的合理配置将使岸线富于变化并充满生机。见图 3.5-16。

4. 生态降解型种植毯

生态降解型种植毯是由天然椰丝、麻纤维等,通过非纺织织造工艺加工合成具有生态功能的基材,该基材模拟了适合植物生长的土壤中的孔隙、疏松度和通气性等形态结构,并且具有保湿和营养的生态功能,对植物根系非常友好。该基材有很好的抗水流冲刷功能,当植物根系完全形成并稳定之后,它还能够在 3～5 年之后自然降解,无毒无害,是仿自然型生态护岸的上佳选择。见图 3.5-17 和图 3.5-18。

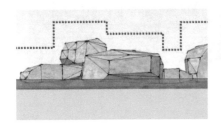

图 3.5-16　景观叠石护岸

图 3.5-17　生态降解型种植毯

图 3.5-18　生态降解型种植毯生态护坡

（左侧为施工刚完成的状况，右侧为植被长成后的状况）

5. 绿化混凝土护岸

绿化混凝土护岸是一种通过水泥浆体黏结粗骨料,依靠天然成孔或人工预留孔洞得到无砂大孔混凝土,并在孔洞中填充种植土、种子、缓释肥料等,创造适合植物生长的环境,形成植被的河道护岸技术。由于混凝土一般呈碱性,不利于植物的生长,绿化混凝土应重视对混凝土 pH 值的控制,以及对孔隙内碱性水环境的改造。见图 3.5-19。

图 3.5-19　绿化混凝土生态护岸实景

(左侧为施工刚完成的状况,右侧为植被长成后的状况)

6. 格宾石笼护岸

格宾石笼护岸是一种由高强度、高防腐的钢丝编织成网片,再组合成网箱,然后在网箱内填充块体材料,表面覆土绿化或植物插条而成的新型生态护岸技术。石笼中填充石料后可以形成柔性透水、整体性好的防护结构,该结构天然的多孔隙性非常有利于水土交换和动植物生境的营造。见图 3.5-20 和图 3.5-21。

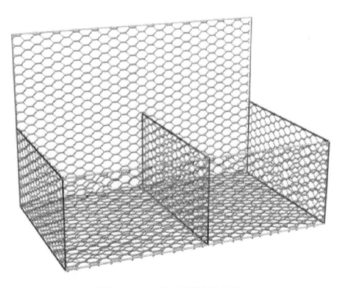

图 3.5-20　格宾石笼示意图

图 3.5-21　格宾石笼生态护坡实景

7. 预制篮筐挡墙

预制篮筐采用钢筋混凝土预制而成,外表面花纹可供动物攀爬,内部填充天然卵石或碎石,可为动植物提供栖息场所,生态性好。预制篮筐挡墙由多层篮筐叠加拼装而成,此种结构模块化施工,透水性佳,篮筐之间可通过螺栓连接,整体性好。见图 3.5-22 和图 3.5-23。

8. 多孔预制混凝土块护岸

多孔预制混凝土块护岸是一种采用混凝土预制块体干砌,依靠块体之间相互的嵌入自锁或自重咬合等方式形成多孔洞的整体性结构,孔洞中可填土种植或自然生长形成植被的新型生态护岸技术。见图 3.5-24。

图 3.5-22　施工中的钢筋混凝土预制篮筐挡墙(内部尚未填充石块)

图 3.5-23　钢筋混凝土预制篮筐挡墙实景图

图 3.5-24　多孔预制混凝土块护岸实景

（左侧为施工时的状况,右侧为植被长成后的状况）

9. 自嵌式预制砌块挡墙

自嵌式预制砌块挡墙是一种采用预制块体干砌,块体之间相互嵌入形成自锁,依靠墙体重力保持稳定,墙体与墙后填土之间可设置土工格栅以提高墙体的稳定性,结构预留孔洞,孔洞中可种植或自然生长形成绿化植被的新型生态护岸技术。见图 3.5-25。

图 3.5-25　自嵌式预制砌块挡墙护岸

(左侧为砌块,右侧为挡墙实景)

10. 土工格室护坡

土工格室是一种土工合成材料,具有强度高、抗腐蚀、抗老化性能好等特点,将其拉开固定在河道坡面上,在其格室内填入种植土并种植植物,不但起到坡面防护的作用,还起到恢复生态环境的作用。见图 3.5-26。

图 3.5-26　土工格室护坡

(左侧为施工时的状况,右侧为植被长成后的状况)

11. 生态袋护坡

生态袋是一种高分子环保无纺布材料,耐酸耐碱抗老化,无毒可回收。生态袋体由纵横交错的纤维组成,透气性佳,易于植物根系吸收氧气,利用当地土壤,有利于植物的生长和植被再造。施工时无须大型机具,可就地取材,操作简单,施工快速。见图 3.5-27。

12. 三维土工网垫护坡

三维土工网垫是由细的聚乙烯丝制成有空腔的三维网,将此网垫平铺固定在坡面上,将草籽和有机土撒播在网的空腔内,在植物生长后,通过植被和根系可起到深层防止冲刷、抑制水土流失的作用,还可起到抑制水土流失和环境绿化的作用。见图 3.5-28。

图 3.5-27　生态袋护坡

（左侧为施工时的状况，右侧为植被长成后的状况）

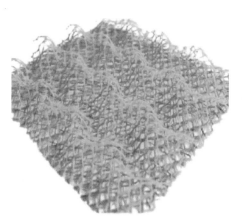

图 3.5-28　三维土工网垫护坡

（左侧为三维土工网，右侧为护坡实景）

根据不同的地基条件、水位变化情况，上述各种形式的生态护岸及适用条件见下表 3.5-7。

表 3.5-7　生态护岸适宜性选择表

序号	生态护岸种类	生态护岸形式	适用条件				
			地基条件			常水位界限	
			土质	砂砾石	岩质或混凝土	水位波动区及以上	水位波动区以下
1	自然原型	植物护坡	√	×	×	√	×
2	仿自然型	木桩	√	√	×	√	√
3		景观叠石	√	√	×	√	×
4		生态降解型种植毯	√	√	√	√	√

续表

序号	生态护岸种类	生态护岸形式	适用条件				
			地基条件			常水位界限	
			土质	砂砾石	岩质或混凝土	水位波动区及以上	水位波动区以下
5	人工自然型	绿化混凝土	√	√	√	√	√
6		格宾石笼	√	√	×	√	√
7		预制篮筐	√	√	×	√	√
8		多孔预制混凝土块	√	√	√	√	×
9		自嵌式预制砌块	√	√	×	√	√
10		土工格室	√	√	√	√	×
11		生态袋	√	√	√	√	×
12		三维土工网垫	√	√	√	√	×

3.5.4.4 工程案例

1. 上海市静安区河道生态护岸

静安区位于上海的闹市区,现有的河道挡墙基本都是直立式硬质墙体,生态性不足。近年来,静安区水政管理所对部分河道护岸进行了生态化改造,考虑到市区河道风浪较小,因此主要采取以植物为主,配合景观卵石形成生态护坡结构,打造出景色宜人、生机盎然、亲水性好的城市滨水空间。见图 3.5-29。

图 3.5-29　静安区河道生态护岸照片

2. 长兴岛北环河生态袋护岸

上海市长兴岛北环河对整体生态景观要求比较高,河道陆域绿化标准远超一般的河道绿化标准,因此,对于水利护岸的生态性也提出了很高的要求。考虑到出露水面的硬质结构很容易破坏整体的生态形象,设计方案在水位变动区采用了生态袋与景观叠石相结合的结构形式,营造出了自然生态而又富有景观变化的生态护岸。见图 3.5-30。

图 3.5-30　长兴岛北环河生态袋护岸照片

3. 南翔镇横沥河钢筋混凝土预制篮筐护岸

上海市南翔镇横沥河采用了钢筋混凝土预制篮筐式护岸结构,这是一种新型生态护岸形式,它的优势在于结构透水性好,结构耐久性远远强于钢筋石笼,篮筐内部填充天然石料,可以对雨水径流进行有效净化,同时还可为动植物提供很好的生长和栖息场所,对提高河道自净能力,增强河道的整体生态效果具有很好的促进作用。见图 3.5-31。

图 3.5-31　横沥河钢筋混凝土预制篮筐护岸施工前、后对比图

3.6　水环境治理要点

水是滨水空间的灵魂,我们常常看到一些城市的陆域建筑和景观都很漂亮,但是走近却发现水体观感实在不佳,有的水体因藻类暴发显得绿油油,有的甚至散发出令人不适的气味,有的感觉是"死水一潭",如此大大拉低了整个滨水空间的品质,令人感到十分遗憾。完美的滨水空间需要洁净的水环境作为其灵魂,规划设计时必须把水环境提升作为一项重要内容。对于不同类别和功能的水体,我国出台了针对性很强的标准,标准名称及编号详见表3.6-1,各种标准对水质指标都有非常具体的要求。

表 3.6-1　不同功能水体与对应的国家标准

水体类别	国家标准名称	编号
水源地	《地表水环境质量标准》	GB 3838—2002
	《生活饮用水卫生标准》	GB 5749—2022
污水排放	《污水排入城镇下水道水质标准》	GB/T 31962—2015
	《污水综合排放标准》	GB 8978—1996
景观游憩	《再生水回用于景观水体的水质标准》	GJ/T 95—2000
水产养殖	《渔业水质标准》	GB 11607—1989
农业灌溉	《农田灌溉水质标准》	GB 5084—2021
港口航运	《船舶污染物排放标准》	GB 3552—2018

2015年,国务院发布《水污染防治行动计划》(简称"水十条")指出,到2020年,全国水环境质量得到阶段性改善,京津冀、长三角、珠三角等区域水生态环境状况有所好转。到2030年,力争全国水环境质量总体改善,水生态系统功能初步恢复。到21世纪中叶,生态环境质量全面改善,生态系统实现良性循环。在"水十条"发布后,各地开展了黑臭水体整治攻坚战、消除劣V类水体及生态清洁小流域建设等,我国水环境治理取得了显著的成效。"十三五"以来,全国重点流域水环境质量稳中向好。2020年,在主要江河监测的1 614个水质断面中,Ⅰ~Ⅲ类水质断面占87.4%,Ⅳ~Ⅴ类水质断面占12.4%,劣Ⅴ类占0.2%,与2015年相比,Ⅰ~Ⅲ类水质断面比例上升15.3个百分点,Ⅳ~Ⅴ类水质断面比例下降6.6个百分点,劣Ⅴ类水质断面比例下降8.7个百分点。不过需要清醒地认识到,当前水环境不平衡、不协调的问题仍然突出,部分区域水环境质量仍需进一步提升。因此,在准确分析水环境状况的基础上,采用正确技术路线开展水环境综合治理,有效促进了生态环境的改善,是城市滨水空间生态景观打造不可或缺的部分。

自然界中的水体通常都有一定的自净能力,能够通过物理、化学和生物作用去除污染物,让水质维持在稳定的水平。但是当污染负荷超出水体自净的承载能力时,水质恶化将不可避免,进而会影响水生态的健康,甚至造成毁灭性破坏。水是流动的,"问题在水里,根子在岸上",水环境治理属于系统性综合治理,"源头控制→中途阻断→终端净化"是水环境治理的三大环节,环环相扣,形成整体才能发挥最大作用。提升河湖水质,不应过度依赖终端净化措施,更应该尽量将污染物截流在岸上,这就要求设计人员重视对污染物源头的控制,重视在传输过程中对污染物的阻断与拦截。

3.6.1　污染分析要全面

水环境应首先研究河湖水质现状,分析水体主要污染物质的来源,研究各污染源的排污规律以及对河湖水质的影响权重,从而确定污染源的削减量。水体污染来源一般分为内源污染与外源污染,外源污染又分为点源污染和非点源污染。在城市中,点源污染主要包括生活点源、工商业点源等,非点源主要是指城市面源污染。见图 3.6-1。

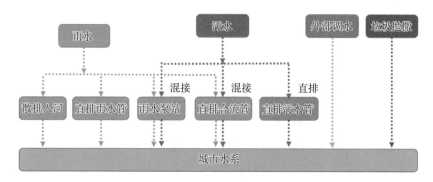

图 3.6-1　外部污染物进入城市水环境途径示意图

3.6.1.1　城市点源污染

点源污染是指企业、居民区、城市商圈等将大量污染物通过管道等集中排放至河道,以点状形式排放而造成水体污染的发生源。由于管网混接、错接、漏接及养护不善等原因,生活污水在旱天或雨天会从雨水口、污水溢流井、泵站溢流口、管网破损处进入地表水及地下水,对周边水环境造成严重污染,这已成为当前城市点源污染的主要形式。

城市雨污排放方式分为合流制和分流制,合流制又分为直泄式合流制和截流式合流制。

(1)直泄式合流制是将雨水和污废水直接用同一套排水管网排放到河流,当污染量较大时,会对水环境造成极大的冲击,这是当前城市需要进行改造的重点。

(2)截流式合流制是在进河流前设置截流干管,当降雨量小时,雨水和污水通过截流干管都进入水处理厂;当降雨量大时,超出管道负荷的雨水通过溢流管溢入河中排走。截流式合流制的截流倍数应根据旱流污水的水质、水量、受纳水体的环境容量和排水区域大小等因素经计算确定,宜采用2~5倍,并宜采取调蓄等措施,提高截流标准,减少合流制溢流污染对河道的影响。见图 3.6-2。

(3)分流制就是建设两套排水管网,分别收集和输送各种雨水、污水和生产废水的排水方式。理论上这是最合理的城市雨污排放方式,然而现实却是,由于施工和管理等诸多原因,分流制排水系统往往存在普遍的雨污混接、错接问题,导致

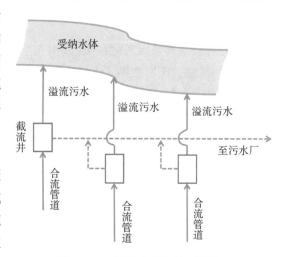

图 3.6-2　截流式合流制示意图

大量污水混入雨水管网,分流制实际上形成了雨水管和污水管均为"雨污混(合)流"的状态,分流制对水环境的污染,在一些区域甚至超过了合流制。

3.6.1.2 城市非点源污染

城市非点源污染是指城市表面的污染物在降雨径流的淋溶冲刷作用下,以广域、分散的形式进入河湖而引发的水体污染。城市暴雨径流作为污染物迁移转化的主要驱动力,是城市非点源污染的主要原因。城市非点源污染物晴天在城市表面积累,雨天时随降雨径流排放,具有非点源间歇式排放的特征。

屋面径流和路面径流是城市暴雨径流的主要组成部分。屋面径流的典型污染物有锌(Zn)、铜(Cu)、铅(Pb)、镉(Cd)等重金属;路面径流是城市非点源污染的重要部分,污染物包括油脂、重金属、有机物、悬浮颗粒物、农药杀虫剂等,其来源是车辆及轮胎的磨损、汽车尾气排放、大气降尘等。城市非点源污染模型是非点源污染特征研究的重要工具和手段,能预测非点源污染的时空分布特征及负荷大小,也是目前城市非点源污染研究的热点。利用城市非点源污染模型,模拟非点源污染的积累和迁移过程,确定污染的重点治理区域,分析土地利用变化对城市水环境的影响,从而制定科学合理的非点源污染治理措施,并评价其效果。

"泵站放江"是城市面源污染叠加点源污染的一种表现形式。见图 3.6-3。例如,上海市中心城区地势相对较低,排涝以强排为主,为缓解降雨排水压力,避免城市内涝,排水泵站会在降雨时将雨水管道内的水就近排入河道,形成所谓的"泵站放江"现象。由于市政雨水管网中存在普遍的雨污混(合)现象,水质较差,并且平时污染物在管网中沉积,泵站放江时会对地表水的水质造成严重冲击,甚至造成受纳河道的季节性、间歇性黑臭。根据《2019 年上海市排水设施年报》及相关数据计算,2019 年上海市泵站放江总量超过 30 000 万 m^3,放江污染物中 COD_{Cr} 总量约为 6 500 吨,约有 5% 的泵站排放的 COD_{Cr} 浓度超过 200 mg/L,氨氮总量超过 773 吨,总磷总量超过 74 吨。

3.6.1.3 内源污染

内源污染主要是指底泥污染,底泥在生态系统物质循环中起着重要的作用,底泥既能作为营养盐的"汇",接纳了流域内及水体的污染物,又能作为营养盐的"源",底泥向上覆水体中释放氮和磷的过程是氮和磷生物地球化学循环的重要部分,而这一过程也会对水环境产生直接影响。研究表明,当外源氮、磷输入得以有效控制后,沉积物中氮、磷的释放将成为水体氮、磷污染的主要内部来源。

沉积物可以通过两种途径释放氮和磷,第一种是将附着在沉积物颗粒物上的氮和磷先释放到间隙水中,再通过水中的浓度梯度或外力扰动,将氮和磷扩散到上覆水中,这个过程简称为"自由扩散过程";第二种是在外界的自然作用下,沉积物中吸附氮和磷的颗粒物质再悬浮到上覆水中,可以增大上覆水中氮和磷的含量,这个过程简称为"再悬浮过程"。"自由扩散过程"主要受环境因子的影响,是沉积物中氮和磷向水体中扩散的主要方式,"再悬浮过程"则主要受扰动作用的影响。

图 3.6-3　城市泵站放江时造成水体污染

3.6.1.4　污染物来源比例

　　城市地面中包含许多污染物质,有车辆排放物、固态废物碎屑、空气降尘、屋面沉积物及析出物等。随着城市化进程的加速,不透水路面比例增大,使得雨天产生的大量的径流不能通过城市地表渗透到土壤中或者被植物截流,排放到河湖之后,对河湖水质造成明显的破坏。根据对我国各城市道路初期雨水径流污染物进行分析结果,固体悬浮物(SS)、化学需氧量(COD)、生化需氧量(BOD_5)、总氮(TN)、总磷(TP)等污染物平均浓度都超出国家地表水 V 类水标准,并且还存在重金属污染的风险。根据武汉理工大学姜应和教授对武汉市部分区域入河污染物的研究成果,在污水直排被控制的情况下,入河污染物(以 COD 计算)中:污水管道错接占比最大,达到 38%;冲扫马路造成的污染占比约为 18%;初期雨水污染占比约为 10%;其他则包括阳台洗衣机排水、大气降尘等,各项占比具体情况见图 3.6-4。

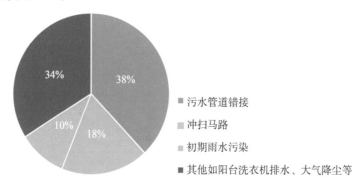

图 3.6-4　入河污染物来源比例参考图

根据夏振民等在《烟台文教区不透水下垫面降雨径流过程污染特性分析》对烟台市莱山区烟台大学北校区取样研究成果(研究期间的降雨量共 9.2 mm),污染物浓度随时间变化情况详见图 3.6-5 至图 3.6-7。可以看出,路面 COD 污染较为严重,峰值高达 765 mg/L,而后迅速下降,但在 50 min 后到降雨结束,一直在 100~200 mg/L 区间缓慢下降,浓度仍然较高;路面 TP 浓度峰值为 0.73 mg/L,后期降至 0.2 mg/L 以下;路面

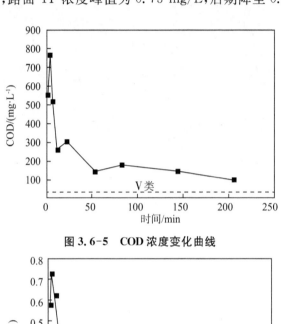

图 3.6-5　COD 浓度变化曲线

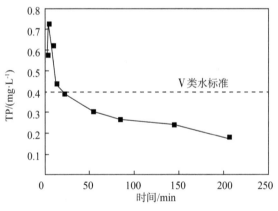

图 3.6-6　TP 浓度变化曲线

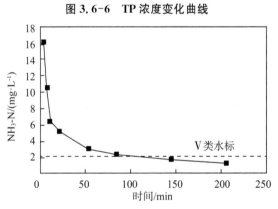

图 3.6-7　NH₃-N 浓度变化曲线

NH_3-N 污染浓度峰值为 16 mg/L,后期降至约 1.0 mg/L,水质已相对较好。对于路面径流污染负荷的初期冲刷效应,如果截流 20% 的初期径流,能控制约 32%~48% 的降雨径流污染负荷。

3.6.2　治理思路需正确

水环境治理方案切忌照抄照搬,不同水体的问题成因各不相同,如果抓不住问题的关键,往往会"反复治、治反复",造成资源浪费。水环境治理应该是在对上述污染详细排查和分析的基础上,深刻理解水生态系统各组成部分的相互关系,以及物理、化学、生物的作用机理,因地制宜,才会达到事半功倍的效果。本书编者根据多年水环境治理经验,总结出四条治理思路:①系统性综合治理;②多专业融合治理;③坚持以生态治理为主;④建管养并重。

3.6.2.1　系统性综合治理

生态文明建设需有系统思维,水生态文明属于生态文明的一部分,提升水环境也需要坚持系统思维,主要体现在以下 3 个方面:

(1) 河道水系是连通和流动的,水环境治理应秉承"流域治理、区域治理"的理念。现阶段水环境治理亟须科学完善的顶层规划设计,重视对治理区域的合理划分,打破"人为分割、各自为战"的现状。河道分割治理造成的后果之一就是不少治理单位为了达到治理效果,对河道进行各种隔断,只图一时的治理效果,既无法做到标本兼治,又对防汛安全造成极大的威胁。

(2) 水环境治理需要各部门的协调动作,重视整个区域河网水系的引排规律,充分发挥河长制的作用,水岸联动才能解决问题,陆域截污必须要达到要求,那种幻想不对排污口进行认真彻底的治理就能实现水清岸绿的想法是行不通的,也不符合国家水环境治理要求。

(3) 水环境是城市水循环的一部分,武汉大学夏军院士提出的城市水循环系统再认识 5.0 版本系统框架(参见图 3.6-8)中,强调多尺度水循环联系的城市水系统科学体系,并将城市海绵分为大海绵、中海绵和小海绵,需要综合考虑的对象包括污水厂、泵站、市政管网、河湖和面源污染等。因此,确切地说,城市水环境治理是厂、站、网、河一体化的系统治理(参见图 3.6-9)。

3.6.2.2　多专业融合治理

水环境治理往往涉及多个专业学科,例如水文学、水利工程学、生态学、化学等,是多种技术的组合运用,而正是因为学科专业的多样性,使得水环境治理领域不断出现所谓一招鲜的"黑科技",一些公司在宣传治理效果时常常故意忽略其他措施的作用,过度放大某种技术产品的功效和适用范围,并对其负面作用绝口不提,从而对大家造成误导。水环境治理在制订方案时需要客观认识到每种技术的作用和局限性,根据实际情况,从内外源污染控制到水生态系统构建,经过综合分析后采取合理的技术措施组合。见图 3.6-10。

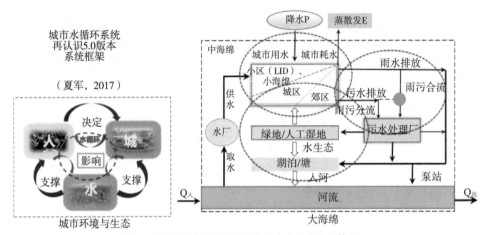

图 3.6-8　城市水循环理念图（夏军, 2017）

图 3.6-9　厂、站、网、河一体化系统治理示意图

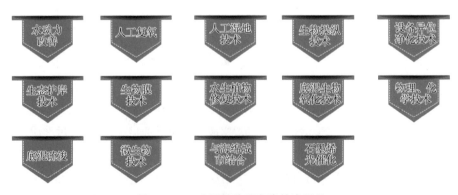

图 3.6-10　水环境治理各类技术汇总

3.6.2.3　坚持以生态治理为主

在控源截污的前提下,水环境治理应以增强河湖水体自净能力为根本目的。在河湖治理的初期,可利用人工措施进行强力干预,但是要长期维持水环境的健康稳定,减轻后期运行管理负担,就必须以生态治理为主,构筑长效、低维护的水生态系统,实现水体自然净化的良性循环。需要指出的是,不少前期已经消除黑臭的河道,往往是通过人工复氧降低了氨氮指标,氨氮转化为硝氮,而并未改变水体富营养化的状态,硝氮很容易被藻类吸收,藻类暴发与水体返黑、返臭的风险依然很大。只有以生态治理为主的措施方案才能够有效降低水体的富营养化水平,形成健康稳定的水生态平衡。

在对水环境治理技术进行方案比选时,设计人员需要特别重视对后期运行管理成本的计算,例如,人工曝气可以快速提高溶解氧,增强水体净化能力,但如果将其作为一种长期手段,那么就需要认真考量后期的运维费用;而对于某些水处理设备,除了设备本身造价外,还需要详细了解其运行期间可能产生的费用。如果城市河道需要过度依赖人工措施才能维持水质,那么后期运维成本必然是巨大的,甚至难以为继。因此,坚持以生态治理为主,有助于降低工程投资,减少运维费用,并且与其他手段相比,环境友好且作用持久。见图 3.6-11。

图 3.6-11　生态治理示例图(盐城市盐都区河道)

3.6.2.4　建、管、养并重

相比传统工程,水环境治理对象包括动植物、微生物等“生命体”,不同于钢筋混凝土一旦成型就会几十年不变,它们时刻处于变化之中,要让其保持我们所希望的较好状态,就必须树立建、管、养并重的理念。河湖水质的长效维持离不开专业的管养,必须改变“重前期建设、轻后期管养”的不良传统,否则建设成果将大打折扣。此外,水环境的管养不同于传统的河道保洁,需要专业的管护队伍根据动植物的生长习性和河湖水质的变化,制订专门的管护方案,还要有应急处理方案,唯有如此才能确保河湖的长治久清。

3.6.3　截污纳管为前提

提升河湖水环境的前提是截断污染源,特别是城市中的污水直排、雨污混接,都会对水环境造成严重影响。对于城市河道排污口的调查应彻底和全面,根据陆域管网的走向调查排污口的污水来源,根据详细调查结果研究截断污水的具体方案。见图 3.6-12。

图 3.6-12　日常运行维护船只

3.6.3.1　排污口调查技术

经过近几年的大力整治,我国城市河道点源污染已经得到比较好的控制,但问题依然存在,还有不少的排污口位于水面以下难以发现,不少混接、错接的排污管道非常隐蔽,溯源难度大,点源污染的排查依然任重道远。本书编者认为在对河湖进行水环境治理时,只要条件允许,施工时应尽可能降低水位,甚至排干水体,力求彻底掌握各类排口情况。然而在实际工程中,降低水位或者排干水体往往存在较大的困难,例如,现有的河道挡墙在水位降低后容易产生位移或者倾覆等安全问题,或者在前期设计阶段难以要求业主进行大幅度降低水位的调度操作。客观原因的存在,常常导致设计人员无法完全掌握水体污染源情况,使得设计方案和治理效果存在较大的不确定性。不过随着科学技术的发展,已经有不少新技术被应用在污染源和水质的调查上,例如,运用无人机进行遥感监测水质的技术,该技术通过分析光谱与各项水质指标的关联关系,可以在较大尺度上掌握整个水体的污染状况。相对于天上飞行的无人机,使用无人船(或者无人艇)进行项目踏勘,能获取水域地形数据,生成河道三维模型或断面模型;能排查河道排放口情况,若装载水质检测探头,可同步获取水质数据,判断是否存在排放口排污或管道渗漏。见图 3.6-13 和图 3.6-14。

本书介绍一种比较适合河湖污染源排查和水质检测的新技术——AGS(Autonomy Guide Submarine)无人驾驶微型潜水艇技术。

图 3.6-13　运用无人机进行污染源调查和水质监测

图 3.6-14　运用无人艇进行污染源调查和水质监测

　　无人驾驶微型潜水艇(潜水深度 0～6 m)，实现 GIS 规划路径在不同水深保持巡航。AGS 技术搭载 COD、氨氮、溶解氧、温度、浊度等水质传感器，实时在线监测不同水深的水质参数和不同水深中溶解氧含量，每秒一次上传数据到云端服务器，通过 PC 机或手机可以随时浏览监察河湖健康态势和进行污染源排查。如图 3.6-15 所示。在 AGS 智慧水环境平台上分析解译 AGS 上传的数据，实时显示各种水质参数曲线，曲线的颜色对应水质分类等级。该技术具备几大特点：

（1）污染源排查，定位及追踪；

（2）河湖水质 COD、氨氮、溶解氧、温度和浊度实时监测；

（3）河湖及水源地定时、定点、定深水质取样，辅助实验室化验分析；

（4）水下生态修复状况视频监察；

（5）河湖藻类及水面漂浮物巡查，引导精准养护。

图 3.6-15 无人艇运行时拍摄的照片

应用案例：设计人员采用无人艇技术对无锡市锡山区七号桥港河道的水质情况进行了实地调查和检测，时间为两个小时，该河道长为 2 km，检测内容包括河道水深、氨氮、溶解氧等，后台系统生成色卡，可以全面掌握河道全线在某一时段的具体情况，为设计治理方案提供翔实的一手资料，有利于因地制宜，精准施策。见图 3.6-16。

水深变化 氨氮变化 溶解氧变化

图 3.6-16 无锡七号桥港河道水质指标沿线分布图

3.6.3.2　排水核查技术

排污口的污水一般分为两类：生活污水和生产污水。排水核查是从源头上调查污水来源，核查主要是指从排水户进户管（连接市政管网）开始，到排水户内部所有涉及的排水管网设施和预处理设施设备，必要时适当延伸至周边市政管网设施，利用 CCTV 检测、潜望镜 QV、声呐检测、染色检测、烟雾检测等必要的技术手段，对排水户雨污分流情况、排水检测井、排水预处理设施的设置情况逐一核查，发现问题后要求其进行整改。排水户核查内容包括资料核查、污水出路核查、排水量核查、排水水质核查、排水方式（预处理）核查、雨污水总排放口位置核查等。以上多种管道检测技术优缺点对照详见表 3.6-2。

表 3.6-2　多种管道检测技术优缺点对比表

检测技术	适用条件	优点	缺点
QV	水位和淤积均不超过管道管径的 1/2	快速方便、成本低	可视直线距离一般在 20 m 以内
CCTV	管道管径不小于 250 mm，水位和淤积均不超过管道管径的 1/5	深入管道内部，成像清晰，能定位问题的具体位置	需做封堵、抽水、疏通等准备工作
声呐	无限制条件	不受管道内水位影响	输出为声呐信息图形，无直观的视频图像，穿管难、成本高
染色	管内有一定水量且有一定流速	快速方便、成本低	作为辅助手段，若水量较大、路线较长则效果不明显
烟雾	管内无水或有少量水	—	操作复杂

随着移动互联网技术的普及，可以使排水核查变得更加高效，将现场调查情况输入信息化平台，能够方便地实现"检测→输入→遥测→处理→平台→反馈"全功能。系统平台可以对所有排水户情况进行长期监控，通过大数据分析了解与水环境的关系，从而从根源上实现对污染源的治理。

应用案例："上海市青浦区排水户监管服务平台"能够整合线上、线下的工作成果，该平台可在 PC 端、PAD 端、手机端使用，借助物联网大数据，做到多屏、多媒体、融媒体一体化融合，克服了传统的纸质化核查报告资料多、检索难的缺点。青浦区排水户监管服务平台功能包括排水企业、排水项目、派单管理、现场核查、水样检测、数据统计和账户管理等模块，向不同角色开放不同的功能。对于行业管理者，可以检索辖区内排水企业和排水项目的基本信息，查阅排水户的监管历史、核查报告及水质检测数据，将问题排水户移交执法等；对于第三方的核查人员，可用于不同类型核查的现场事项操作，包括拍照取证、现场定位、现场笔录填写、三方签字，以及后期的报告完善编制；对于排水户，则可查收核查报告及整改告知单。平台的前台和后台界面分别见图 3.6-17 和图 3.6-18。通过将地理信息系统 GIS 与城镇排水系统相结合，使用者可在地图上查看排水泵站、雨水管管径及流向、污水管管径及流向、雨水井、污水井、污水处理厂排放口、排水户等信息，给城镇排水管网养护和区域排水监管带来极大便利。

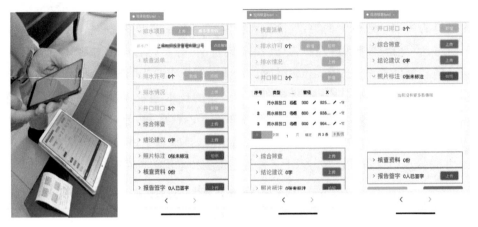

图 3.6-17 排水核查系统小程序界面

图 3.6-18 排水核查系统后台管理界面

3.6.3.3 排污口处理设备

对于直排河道的污水口,按照要求应该完全截断。但是在实际工程中,特别是老城区,由于污水厂处理能力有限或者市政污水管网的原因,排污口的污水暂时难以纳入市政管网,为了确保河道水质,作为过渡措施,可考虑采用临时的小型污水处理设备进行原位处理。本书介绍两种针对污水排口的小型污水处理设备。

1. 船式一体化净化槽

船式一体化净化槽集填料吸附、过滤、微生物的降解以及植物的生长同化等多重功效于一体,通过填料附着微生物膜的降解作用,去除水体中有机物和氮磷等污染物。通过在排放口对污水进行强化处理,以减轻河道的污染负荷,且无额外能耗,施工和运行管理方便,适用于城市河道排污口的原位净化和河道的景观提升。见图 3.6-19。

图 3.6-19　船式一体化净化槽

2. IFAS＋MBR 小型排口污水处理设备

该设备采用固定生物膜—活性污泥(IFAS)＋膜—生物反应器(MBR)的组合工艺。IFAS 生化技术结合了传统活性污泥法与生物膜法的优点,特别对低碳氮比农村和城镇生活污水进行处理,可达到深度脱氮除磷的处理效果。MBR 膜分离技术是利用膜分离设备将生化反应池中的活性污泥和大分子有机物截流住,省掉二沉池,MBR 强化了生物反应器的功能,大大提高了固液分离效率。见图 3.6-20 和图 3.6-21。

图 3.6-20　IFAS＋MBR 小型排口污水处理设备(处理量为 5.0 t/d)

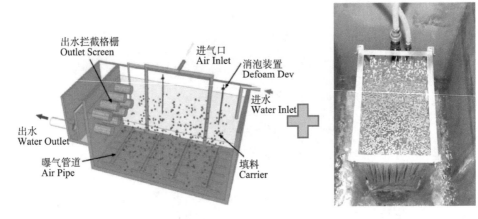

IFAS生化技术   MBR膜分离技术

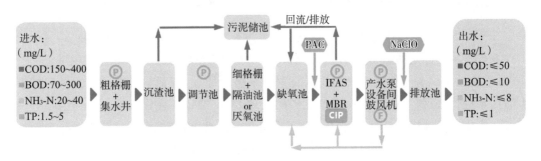

图 3.6-21　IFAS＋MBR 小型排口污水处理设备工艺流程图

　　小型原位处理设备的尾水排放标准常为一级 A 标准,劣于地表Ⅴ类水标准,因而仍然会对城市河道造成较大的污染,特别是对那些水环境容量比较小的河道,因此,上述两种排口原位处理只是临时过渡措施,污水最终必须纳管。

3.6.3.4　截流设施

　　对于新建的滨水空间,应杜绝污水直排入河,对于因雨污合流制的区域或者一时难以解决的雨污混排口,必须杜绝旱天排污,可考虑设置截流设施,用于将旱流污水和初期雨水截至污水管网,避免受污染水流入河道、湖泊等,同时防止大量雨水进入污水管网,对污水处理厂形成过大的冲击。

　　截流井是整个截流系统的核心构筑物,它的作用是截流污水和初期雨水。目前,传统截流井根据其形式分为堰式截流井、槽式截流井、堰槽结合式截流井和闸式截流井,但都存在一定缺陷,很难把截流量控制在恒定的数值,导致污水厂进水污染物浓度偏低,影响到污水处理厂的正常运行及处理效果。近几年来,智慧截流井的应用越来越多,其独特的构造、一体化设备、智能控制的特点实现了对截流量的稳定控制,此外,随着数字化、智能化的发展,市场上还陆续出现了集约化智能雨污分流器。

1. 传统截流井

（1）堰式污水截流井

堰式截流井构造如图 3.6-22 所示，旱季污水或初期雨水被截流堰截流，通过侧边截流管进入污水系统。截流堰高度根据截流量和下游河水水位综合确定。堰式截流井能够有效防止河水倒灌，但是会影响行洪，因此适用于排放口相对位置较低、截流初期雨水量较小的情况。根据截流堰与合流管水流的方向关系，分为正堰式截流井与侧堰式截流井。正堰式截流井中的截流堰（或截污管）与合流管垂直，侧堰式截流井中的截流堰（或截污管）与合流管成一条直线。

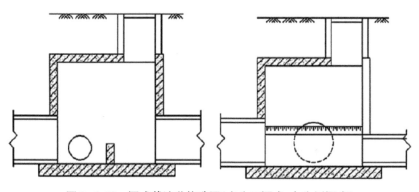

图 3.6-22　堰式截流井构造图（左为正堰式、右为侧堰式）

（2）槽式污水截流井

槽式截流井构造如图 3.6-23 所示，截污管设计水面或管顶低于合流管管底，污水或者初期雨水通过底部流槽进入截污管道。由于没有设置截流堰，雨天时槽式截流井完全不影响行洪，但是却不能防止河水倒灌。因此，槽式截流井适用于截流雨水、洪水流量较大、排放口相对位置较高的情况。

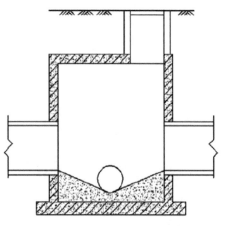

图 3.6-23　槽式截流井构造图

（3）堰槽结合式污水截流井

堰槽结合式污水截流井兼有槽式井和堰式井的优点，既考虑合流管道的行洪，又兼顾防止下游河水倒灌。堰槽结合式污水截流井有以下两种形式：普通堰槽式截流井和跳跃式截流井。跳跃式截流井适用于下游河水位较低的场合，而普通堰槽式截流井适合现状合流管道的截流改造。见图 3.6-24。

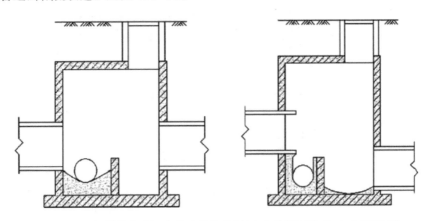

图 3.6-24　堰槽结合式污水截流井构造图（左为普通堰槽式，右为跳跃式）

（4）闸式截流井

闸式截流井是堰式截流井的改进形式，用闸门替换固定堰，可以同时满足截流、行洪与防倒灌等方面的要求。晴天及降雨初期关闭闸门，雨水及初雨通过截流管进入污水系统；暴雨时开启闸门，行洪完全不受影响。闸式截流井基本能适用于各种截流场合，但是其需要电动或者管理人员手动启闭，对管理要求比较高。见图 3.6-25。

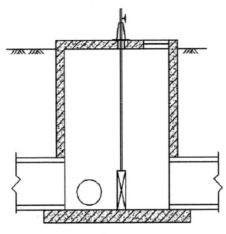

图 3.6-25　闸式截流井构造图

以上四种截流井的适用范围与优缺点对照详见表 3.6-3。

表 3.6-3　传统截流井适用范围与优缺点对照表

形式	堰式	槽式	堰槽结合式	闸式
适用场合	下游水位高,易倒灌	洪水流量大	对行洪、防倒灌均有一定要求	对行洪与防倒灌要求均较高
不适用场合	洪水流量大	下游水位高	对行洪与防倒灌要求均高	无电力来源且不便设管理人员
存在问题	设鸭嘴阀可防倒灌,但略影响行洪	泥沙易进截污管	设鸭嘴阀可防倒灌,但略影响行洪	需要电力或人力控制闸门启闭

2. 一体化智能截流井

一体化智能截流井是将截流、排水、防内涝和自动清洁等功能集成为一体,通过液位仪、雨量计、水质监控仪等感知仪器收集数据,采用智能控制系统,根据不同工况自行判断与控制排水闸、截污闸及潜污泵的动作,还可通过远程监控平台实现集中控制,高效、智慧运行。一体化智能截流井将晴天污水和初期雨水截流至污水管网中,后期则可将雨水排至雨水管网或河湖中,实现"晴天截流、初雨截流、大雨直排"的功能。一体化智能截流井的运行模式与传统截流井类似,主要区别在于通过在线设备的监测,自动、精准控制相关设备的运行,大大提升了截污的效果,实现了无人值守运行。见图 3.6-26。

图 3.6-26　一体化智能截流井及远程监控平台原理图

不同于传统截流井采用现场建造的方式,一体化智能截流井的建设比较方便。其现场安装顺序如图 3.6-27 所示。

3. 集约化智能雨污分流器

集约化智能雨污分流器采用全封闭一体化设计,该产品内置了水质在线监测装置、水文在线监测设备、封闭式分流舱、液动阀门、混流管杂物粉碎机等,实现了合流制管网的雨污自动分流,让后期大量干净的雨水流入河道,在减小溢流风险的同时也保证了污

安装方式

1.挖掘基坑 → 2.铺设垫层 → 3.吊入基坑

4.管道连接 → 5.基坑回填 → 6.电气系统调试 → 7.安装完成

图 3.6-27　一体化智能截流井施工安装示意图

水处理厂进水污染物的浓度。此外,利用集约化智能雨污分流器、高集成多光谱水质在线监测站、地下管网多参数水质快速监测站、全局调控云平台、原位快速水质净化装置构成一体化解决方案,有效削减了城市面源污染对受纳水体的影响。见图 3.6-28。

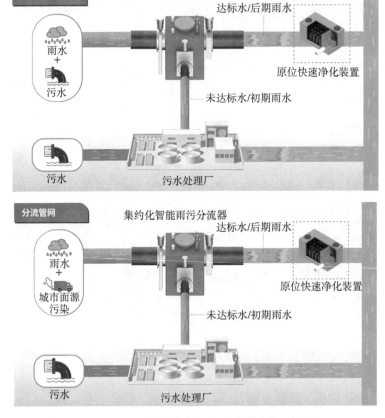

图 3.6-28　集约化智能雨污分流器应用示例图

3.6.4　海绵城市治源头

3.6.4.1　海绵城市的定义

由于城市下垫面的硬化,汽车尾气等各类污染随着雨水径流进入河道,特别是初期雨水会对水环境造成很大的污染。治水先治岸,运用海绵城市的建设理念可将污染物尽量控制在岸上并加以削减,对水环境提升能起到事半功倍的作用。我国《海绵城市建设技术指南——低影响开发雨水系统构建》(2014)中对海绵城市的概念进行了明确定义:指城市可以像海绵一样,在适应环境变化和应对自然灾害等方面具有良好的"弹性",下雨时吸水、蓄水、渗水、净水,必要之时将蓄存的水"释放"并加以运用。见图 3.6-29。

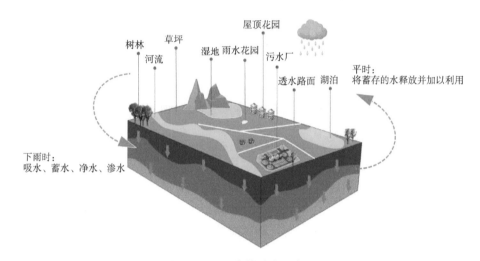

图 3.6-29　海绵城市示意图

海绵城市的理念是通过"渗、滞、蓄、净、用、排"的有机结合,协同规划、建筑、景观、道路、水务 5 大专业,最大限度地减少城市发展建设给原自然水文特征和水生态环境带来的负面影响。海绵城市建设总的技术路线可以归纳为源头减排、过程控制、系统治理。见图 3.6-30 和图 3.6-31。

在进行城市滨水空间设计时,可以运用的海绵设施包括雨水花园、植草沟、透水铺装等,通过陆域微地形的改造,将雨水径流导入海绵设施中,经其"自然积存、自然渗透、自然净化"后再排入水体,能够削减城市面源污染及初期雨水污染,有效减轻了对水环境造成的不利影响。城市滨水空间各类海绵设施与市政、水利设施的衔接关系详见图 3.6-32。

海绵城市概念的内涵其实与滨水空间生态景观规划设计原则具有异曲同工之处,都强调充分利用滨水区域的自然特点,保护滨水区域原有的生态体系,实现人类、自然、土地以及水资源的协调开发,建设和维护。

3.6.4.2　海绵城市规划控制指标

海绵城市规划控制目标主要包括径流总量控制、径流峰值控制、径流污染控制和雨

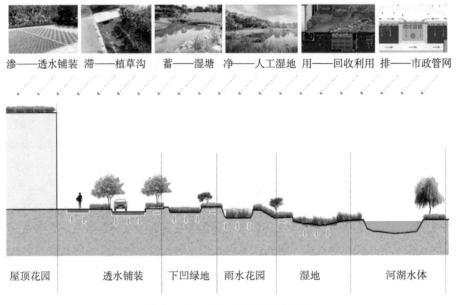

渗——透水铺装　滞——植草沟　蓄——湿塘　净——人工湿地　用——回收利用　排——市政管网

屋顶花园　　透水铺装　　下凹绿地　　雨水花园　　湿地　　河湖水体

图 3.6-30　雨水径流过程示意图

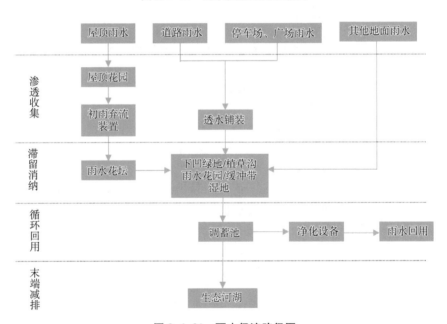

图 3.6-31　雨水径流路径图

水资源化利用。年径流污染控制率等同于年径流污染总削减率,与城市面源污染控制密切相关,它等于区域内海绵城市建设设施对 SS 的年均削减总量占区域年均径流 SS 总量的比例,是低影响开发雨水系统的控制目标之一。既要控制分流制径流污染物总量,也要控制合流制溢流的频次或污染物总量。各地应结合城市水环境质量要求、径流污染特征等来确定径流污染综合控制目标。见图 3.6-33。

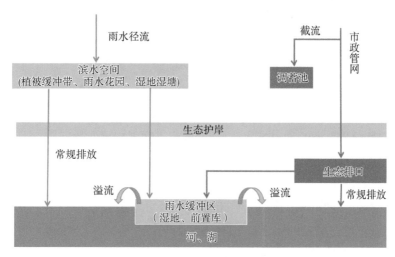

图 3.6-32　城市滨水空间各类海绵设施衔接关系图

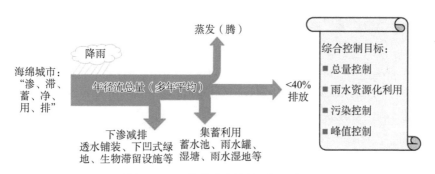

图 3.6-33　海绵城市控制目标示意图

年径流污染控制率可根据相关计算或区域海绵城市建设规划确定,以《上海市海绵城市建设技术导则》为例,其附录 9.2 章节列出了上海市海绵城市建设指标体系,区域系统指标见下表 3.6-4。

表 3.6-4　区域系统指标表

指标类别	序号	一级指标	二级指标	新建	改建
约束性指标	1	年径流总量控制率		≥80%	≥75%
	1-1		建筑与小区系统削减占比	35%~40%	30%~35%
	1-2		绿地系统削减占比	25%~30%	15%~25%
	1-3		道路与广场系统削减占比	12%~15%	10%~12%
	1-4		河道与雨水系统削减占比	15%~28%	28%~45%
	2	年径流污染控制率		≥80%	≥75%
	3	绿地占建设用地比例		≥15%	
	4	河面率		≥10.5%	
鼓励性指标	1	雨水资源利用率		≥5%	—

在进行城市滨水空间生态景观设计时应纳入海绵城市的理念,能够有效削减城市面源污染,减轻水环境污染负荷。例如,《武汉市海绵城市规划设计导则》第4.3章节针对受纳水体的不同水质要求,给出了面源污染物的削减率目标。

(1)水质目标为Ⅱ类、Ⅲ类的湖泊汇水区,其面源污染物削减率应达到70%(以TSS计,下同);

(2)水质目标为Ⅳ类的湖泊汇水区,其面源污染物削减率应达到60%;

(3)其他湖泊及江河、港渠汇水区,其面源污染物削减率应达到50%。

3.6.4.3 海绵城市建设指标分解

根据《海绵城市建设技术指南》,城市地块一般可通过加权平均的方法和试算的方法,进行海绵城市建设控制目标分解,具体方法如下:

(1)确定区域年径流总量控制率目标;

(2)根据区域控制性详细规划阶段提出的各地块用地面积、用地性质、容积率等规划控制指标,初步提出各地块的低影响开发控制指标,可采用下凹式绿地率及其下沉深度、透水铺装率、绿色屋顶率、其他调蓄容积等单项或组合控制指标;

(3)计算确定各地块低影响开发设施总调蓄容积;

(4)按照不同汇水面径流系数,通过加权计算得到各地块的综合雨量径流系数,并结合总调蓄容积,确定各地块低影响开发雨水系统的设计降雨量;

(5)对照年径流总量控制率与设计降雨量的关系来确定各地块低影响开发雨水系统的年径流总量控制率;

(6)各地块低影响开发雨水系统的年径流总量控制率经汇水面积与各地块综合雨量径流系数的乘积加权平均,得到区域范围低影响开发雨水系统的年径流总量控制率;

(7)重复上述(2)~(6),直到满足区域年径流总量控制率目标要求,最终得到各地块的低影响开发设施的总调蓄容积,以及对应的下凹式绿地率及其下沉深度、透水铺装率、绿色屋顶率、其他调蓄容积等单项或组合控制指标。见图3.6-34。

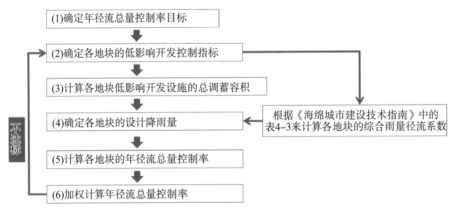

图3.6-34 分解方法流程示意图

3.6.4.4 相关海绵设施介绍

海绵城市设施能够与生态景观完美结合，在发挥海绵设施功能的同时，既美化了环境又营造了生境，见图3.6-35。表3.6-5列出了主要海绵设施功能及适用范围。

表 3.6-5　主要海绵设施功能及适用范围

阶段	海绵设施	主要功能	适用范围
源头控制	透水铺装	渗透雨水	广场、停车场、人行道
	绿色屋顶	滞留、净化雨水、节能减排	符合荷载的建筑屋顶
	雨水花园	渗透、净化雨水	各类绿地和广场
	下凹式绿地	渗透、调节、净化雨水	各类绿地和广场
	渗透塘	渗透、下渗、净化雨水	汇水面积较大的绿地
	渗井	渗透、下渗雨水	各类绿地
	植物缓冲带	渗透、下渗、净化雨水	市政道路周边
	雨水弃流设施	控制污染物、净化雨水	市政道路与低影响开发(LID)设施之间
	雨水罐	收集建筑排水	建筑外接雨水管
运输传送	植草沟	收集、输送和净化径流雨水	沿道路布置
	渗管、渠	渗透雨水	小型公共绿地
末端处理	调节塘、池	削减径流峰值流量	有一定空间区域的城市绿地
	湿塘	调蓄和净化雨水，补充水源	各类绿地
	雨水湿地	消除污染物、削减径流峰值	汇水面积较大的绿地
	蓄水池	储蓄雨水	各类公园绿地和居住区

图 3.6-35　各类海绵设施联合作用示意图

《武汉市海绵城市规划设计导则》中对各类海绵设施污染物去除率给出了建议数值，详见表3.6-6。此外，还对不同降雨阶段所对应污染物的范围给出了建议值，详见表3.6-7，这对于防止初期雨水污染具有指导意义。

表3.6-6　不同海绵设施污染物去除率

单项设施	污染物去除率(以SS计,%)
透水砖铺装	80～90
透水水泥混凝土	80～90
透水沥青混凝土	80～90
绿色屋顶	70～80
复杂型生物滞留设施	70～95
渗透塘	70～80
湿塘	50～80
雨水湿地	50～80
蓄水池	80～90
雨水罐	80～90
转输型植草沟	35～90
干式植草沟	35～90
渗管/渠	35～70
植被缓冲带	50～75
人工土壤渗滤	75～95

表3.6-7　不同降雨阶段对应污染物范围

	降雨前段	降雨中段	降雨后段
雨量比例	40%	30%	30%
污染物负荷比例	80%	10%	10%

现将城市滨水空间设计时可能用到的几种海绵城市设施介绍如下：

1. 植草沟

植草沟用来收集、输送和净化场地内的雨水，其表面覆盖植被，植草沟的横断面为倒梯形或三角形，平面呈带状分布，可用于衔接其他海绵城市设施、城市雨水管渠和超标雨水径流排放系统，主要形式有转输型植草沟、渗透型的干式植草沟和经常有水的湿式植草沟。植草沟的竖向坡度超过4°时要考虑设置消能坎，以减缓水流速度。植草沟深度宜控制在200～500 mm，宽度不大于1 500 mm。见图3.6-36。

植草沟关键设计参数如下：

(1)一般深10～30 cm，侧面坡度不超过3∶1，最大径向坡度为6%；

(2)为防止径流的冲刷，植草沟应按输送径流流速不大于0.6 m/s进行核算；

图 3.6-36　植草沟实景照片

　　(3) 植草沟适合各种土壤类型,种植土壤不小于 30 cm。

2. 雨水花园

　　雨水花园是指具备调蓄能力和净化雨水径流能力的下凹式绿化设施,可利用自然形成或者人工开挖而成的绿地,种植灌木、花草,形成小型雨水滞留、入渗设施,用来收集和吸收屋顶及地面的雨水,利用土壤和植物的过滤作用净化雨水,暂时滞留雨水并使之逐渐渗入土壤。雨水花园应分散布置,单个规模不宜过大,汇水面积宜为雨水花园面积的 20～25 倍,常用雨水花园面积宜为 30～40 m^2,蓄水层厚度为 0～300 mm,边坡坡度宜为 1∶4。见图 3.6-37 和图 3.6-38。雨水花园除了具有调蓄和净化功能外,还包括以下功能:

　　(1) 能够有效地去除径流中的悬浮颗粒、有机污染物以及重金属离子、病原体等有害物质;

　　(2) 通过合理的植物配置,雨水花园能够为昆虫与鸟类提供良好的栖息环境;

　　(3) 在雨水花园中,通过其植物的蒸腾作用可以调节环境中空气的湿度与温度,改善小气候环境。

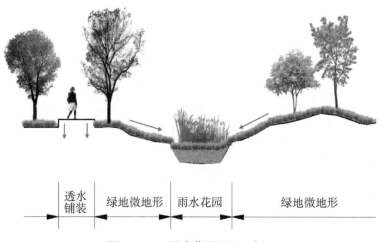

图 3.6-37　雨水花园剖面示意图

图 3.6-38　雨水花园实景与断面示意图

3. 下凹式绿地

下凹式绿地是指比周边地面或道路低的绿地,利用植被截流和土壤渗透,积蓄、下渗、净化自身和周边雨水径流的生态型雨水渗透设施。下凹式绿地的理念是利用开放空间承接和贮存雨水,达到减少径流外排的作用。一般来说,低势绿地对下凹深度有一定要求,能够承接较多的雨水,而且其土质多未经改良,内部植物多以本土草本为主。

标准的下凹式绿地的典型结构为绿地高程低于周围硬化地面高程 15~30 cm 左右,雨水溢流口设置在绿地中或绿地和硬化地面交界处,雨水口高程高于绿地高程且低于硬化地面高程,溢流雨水口的数量和布置,应按汇水面积所产生的流量来确定,溢流雨水口间距宜为 25~50 m,雨水口周边 1 m 范围内宜种植耐旱耐涝的草皮。出现较大降雨时,雨水通过排水沟、沉砂池溢流至雨水管道,避免绿地中雨水出现外溢。这种方式适用于较大面积的绿地以及常年降雨量大、暴雨频率高的地区。在雨水控制区,根据蓄水量承担一定的外围雨水。下凹式绿地的典型构造如图 3.6-39 所示。

图 3.6-39　下凹式绿地实景图

下凹式绿地关键设计参数如下：

（1）下凹式绿地的下凹深度一般为 100～250 mm；

（2）一般选择具有一定耐淹能力的乡土草本植物,植物的耐淹时间宜不小于 1～2 天。

4. 生态树池

生态树池是城市铺装地面上为种植树木而设置的装置,利用透水材料覆盖其表面,并对土壤进行结构改造且略低于铺装地面,能参与地面雨水收集,起到延缓地表径流峰值的作用。生态树池底部设置砾石排水层,并布置排水盲管,可消纳其周边铺装地面产生的部分雨水径流,是一种小型生物滞留设施,占地面积小,布置灵活。见图 3.6-40。

图 3.6-40　生态树池断面及实景图

5. 透水铺装

透水铺装一般采用包括透水沥青、透水地砖等渗透性较好的透水材料,能使雨水迅速渗入地下,保持土壤湿度,维护地下水及土壤的生态平衡。透水路面具有独特的孔隙结构,其在吸热和储热功能方面接近于自然植被所覆盖的地面,能调节城市空间的温度和湿度,缓解城市热岛效应。在广场、道路等硬质铺装地面可以采用透水铺装的方式达到雨水渗透的目的。透水铺装结构应符合《透水砖路面技术规程》(CJJ/T 188—2012)、《透水沥青路面技术规程》(CJJ/T 190—2012)和《透水水泥混凝土路面技术规程》(CJJ/T 135—2009)的规定。透水铺装实景见图 3.6-41。

图 3.6-41　透水铺装实景照片

6. 雨水塘

雨水塘可以用于调控水量,也可以用于净化雨水水质。雨水塘可有效削减较大区域的径流总量、峰值流量和径流污染。雨水塘有一定的调蓄能力,可有效地削减洪峰,减少径流体积,减缓地表径流流速,同时还能大量补充地下水,补给河道基流。从净水功能角度讲,雨水塘既可以通过物理沉淀作用去除雨水中的颗粒物,又可以通过土壤、填料、植物的渗透、过滤和吸附能力,吸收雨水中的溶解性污染物,从而达到对雨水进行净化的目的。其典型构造如图 3.6-42 所示。

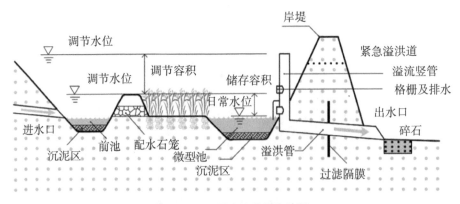

图 3.6-42　雨水塘典型构造图

雨水塘主要分为干塘和湿塘两种类型。干塘只有在雨季才有水,而湿塘长期保持一定的水位。干塘可有效削减峰值流量,建设及维护费用较低,可利用下凹式公园及广场等建设,但水质处理的性能较湿塘差,功能较为单一。湿塘水质处理能力较强,多结合景观水体进行建设。雨水塘实景见图 3.6-43。

图 3.6-43　雨水塘实景图

雨水塘主要设计参数如下:

①适用汇水面积:干塘为 $4\sim10$ hm^2,湿塘为 $10\sim100$ hm^2;

②水力停留时间:干塘和湿塘均为 $7\sim10$ d;

③有效水深:干塘为 $0.5\sim1.0$ m,湿塘为 $0.5\sim1.5$ m;

④推荐长宽比:4∶1$\sim$5∶1。

7. 植物缓冲带

植物缓冲带是坡度较缓的植被区,在植物拦阻和土壤下渗双重作用下可减缓地表径流流速,同时可除掉其中的部分污染物质。植物缓冲带适用于市政道路等不透水基础设施周边,可作为生物滞留设施、湿塘等的预处理设施,也可单独作为城市滨水绿化带设置。它的建设及维护成本较低,但对场地条件有要求,且控制效果有限。植物缓冲带一般设计坡度为 $2\%\sim6\%$,其宽度应大于 2 m。在设计坡度大于 6%时,植物缓冲带对雨水的净化作用会下降。植物缓冲带结构示意图及效果图见图 3.6-44 和图 3.6-45。

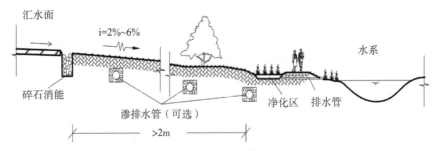

图 3.6-44　植物缓冲带结构示意图

图 3.6-45　植物缓冲带效果图

3.6.5　湿地净化最生态

　　湿地生态系统是湿地植物、栖息于湿地的动物、微生物及其环境组成的统一整体。湿地具有多种功能,如保护生物多样性、调节径流、改善水质、调节小气候、提供旅游资源等。湿地具有多种生态服务功能和社会经济价值,不仅是人类重要的生存环境,也是众多野生动物、植物的重要生存环境。在城市化过程中需要重视对城市湿地的保护和恢复,避免其生态服务功能的退化,这对改善环境质量和城市可持续发展具有非常重要的意义。图 3.6-46 为杭州西湖湿地实景。

　　湿地具有很强的水质净化作用,是河湖水环境治理和水质净化的重要手段。在不影响防洪排涝和河槽调蓄功能的前提下,因地制宜地保留和建设湿地,利用生物作用进行水体净化,十分契合生态文明建设理念。河湖湿地植物及滩地的截流、吸收,可降低氮、磷等污染物含量;水体中的浮游生物以氯、磷、钾等元素为营养物质,通过光合作用为其

图 3.6-46　杭州西溪湿地

他生物提供生存能源,构成了复杂的生物群落。湿地生态系统通过生产者、消费者、分解者和各种生境因子的相互作用,完成物质循环和能量交换,维持生物群落的生存和繁衍,而生物群落之间的这种相互作用大大提高了河湖的自净化能力。

除了天然湿地外,在进行滨水空间设计时可根据实际地形,因地制宜建造人工湿地。人工湿地净化技术是一种利用天然湿地净化功能的污水处理生态工程措施,在城市污染河流治理和生态修复工程中得到越来越多的应用。人工湿地是综合性的生态系统,主要由基质材料、湿地植物、附着微生物及原生动物三个部分组成,一般可分为表面流湿地、水平潜流湿地、垂直潜流湿地和复合潜流湿地(见图 3.6-47),以及在这些湿地基础上进行的变形和优化。

3.6.5.1　表面流人工湿地

表面流人工湿地的水力路径以地表推流为主,在处理过程中,主要通过植物茎叶拦截、土壤吸附过滤和污染物自然沉降来达到去除污染物的目的。通常由一个或几个池体或渠道组成,池体或渠道间设置隔挡墙分隔。池中填有合适的介质过滤材料(碎石、砾石、沸石或陶粒)、土壤、砂等供水生植物固定根系。水流缓慢,通常以水平流的流态流经各个处理单元。

3.6.5.2　水平潜流人工湿地

水平潜流人工湿地因污水从一端水平流过填料床而得名,它由一个或多个填料床组成,床体填充基质,床底设有防渗层,防止污染地下水(见图 3.6-48),与自由表面流人工湿地相比,水平潜流人工湿地的水力负荷大且污染负荷大,对 BOD、COD、SS、重金属等污染指标的去除效果好,且很少有恶臭和滋生蚊蝇现象。

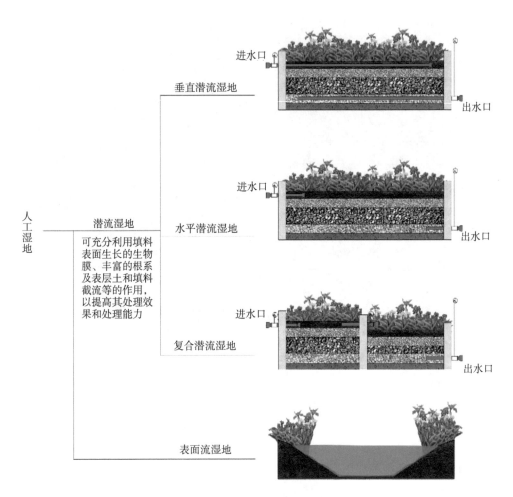

图 3.6-47　人工湿地工艺分类图

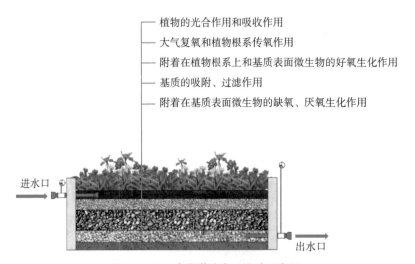

图 3.6-48　水平潜流人工湿地示意图

3.6.5.3　垂直潜流人工湿地

垂直潜流人工湿地的水流方向和根系层呈垂直状态,水流在填料床中基本呈现出从上向下或从下到上的垂直流动状态(见图 3.6-49、图 3.6-50)。湿地中往往填充大量的碎石、卵石、砂或土壤等多孔介质材料。污水在介质间渗流,水面低于介质面,因此呈潜流状态。在基质表面栽种植物,水在填料表面下渗流,因而可充分利用填料表面及植物根系上的生物膜及其他各种物理化学及生化作用来处理污水。若将潜流人工湿地填料置于绿化地下,不会对周围景观和环境造成不良影响。

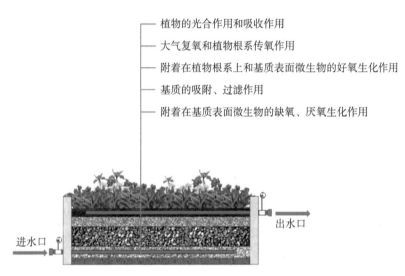

图 3.6-49　上行式垂直潜流人工湿地示意图

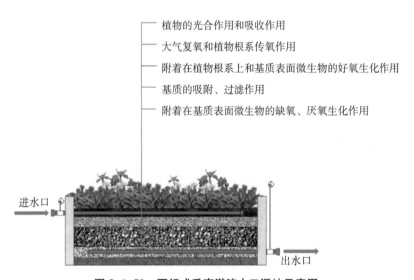

图 3.6-50　下行式垂直潜流人工湿地示意图

潜流湿地工艺原理图和人工湿地工艺比选表分别见图 3.6-51 和表 3.6-8。

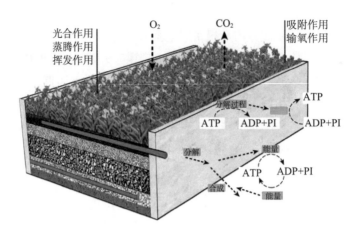

图 3.6-51　潜流湿地工艺原理图

表 3.6-8　人工湿地工艺比选表

指标	人工湿地类型			
	表面流人工湿地	水平潜流人工湿地	上行垂直流人工湿地	下行垂直流人工湿地
水流方式	表面流	水平潜流	上行垂直	下行垂直流
水力与污染物削减负荷	低	较高	高	高
占地面积	大	一般	较小	较小
有机物去除能力	一般	强	强	强
硝化能力	较强	较强	一般	强
反硝化能力	弱	强	较强	一般
除磷能力	一般	较强	较强	较强
堵塞情况	不易堵塞	有轻微堵塞	易堵塞	易堵塞
季节气候影响	大	一般	一般	一般
工程建设费用	低	较高	高	高
构造与管理	简单	一般	复杂	复杂

　　在进行人工湿地设计时,相关参数取值与气候条件密切相关,因此,除了参照《人工湿地水质净化技术指南》(2021 年 4 月)要求外,还需要满足地方标准的相关要求。《人工湿地水质净化技术指南》根据各省市 1 月、7 月的平均气温,并辅助考虑年日平均气温≤5℃与≥25℃的天数,将全国分为严寒地区(Ⅰ区)、寒冷地区(Ⅱ区)、夏热冬冷地区(Ⅲ区)、夏热冬暖地区(Ⅳ区)、温和地区(Ⅴ区)等五个区。例如,江苏省宿迁市属于Ⅲ区(夏热冬冷地区),人工湿地主要设计参数取值见表 3.6-9,可根据表中取值计算湿地面积。

表 3.6-9　人工湿地主要设计参数(Ⅲ区)

设计参数	湿地类型		
	表面流人工湿地	水平潜流人工湿地	垂直潜流人工湿地
水力停留时间,d	2.0～10.0	1.0～3.0	0.8～2.5
表面水力负荷,m³/(m²·d)	0.03～0.2	0.3～1.0	0.4～1.2
化学需氧量削减负荷,g/(m²·d)	0.8～6.0	3.0～12.0	5.0～15.0
氨氮削减负荷,g/(m²·d)	0.04～0.5	1.5～3.0	2.0～4.0
总氮削减负荷,g/(m²·d)	0.08～1.0	1.2～6.0	1.5～8.0
总磷削减负荷,g/(m²·d)	0.01～0.1	0.04～0.2	0.06～0.25

　　人工湿地可选择一种或多种植物作为优势种搭配栽种,以增加植物的多样性和景观效果。根据湿地水深合理配植挺水植物、浮水植物和沉水植物,并根据季节合理配植不同生长期的水生植物。设计人员应根据人工湿地类型、水深、区域划分选择植物种类,不同气候分区可选择的植物种类见表 3.6-10。

表 3.6-10　各气候分区人工湿地水质净化工程推荐种植的植物种类

气候分区代号	挺水植物	浮水植物		沉水植物
		浮叶植物	漂浮植物	
全国大部分区域	芦苇、香蒲、菖蒲等	睡莲等	槐叶萍等	狐尾藻等
Ⅰ	水葱、千屈菜、莲、蒿草、蔗草等	菱等	—	眼子菜、菹草、杉叶藻、水毛茛、龙须眼子菜、罗氏轮叶黑藻等
Ⅱ	黄菖蒲、水葱、千屈菜、蔗草、马蹄莲、梭鱼草、芦荻、水蓼、芋、水仙等	菱、芡实等	水鳖等	菹草、苦草、黑藻、金鱼藻等
Ⅲ	美人蕉、水葱、灯芯草、风车草、再力花、水芹、千屈菜、黄菖蒲、麦冬、芦竹、水莎草等	菱、芡实、吞菜、莼菜、萍蓬草等	水鳖等	菹草、苦草、黑藻、金鱼藻、龙舌草、竹叶眼子菜等
Ⅳ	水芹、风车草、美人蕉、马蹄莲、慈姑、甘草、莲等	荇菜、萍蓬草等	—	眼子菜、黑藻、菹草、狐尾藻等
Ⅴ	美人蕉、风车草、再力花、香根草、花叶芦荻等	荇菜、睡莲等	—	竹叶眼子菜、苦草、穗状狐尾藻、黑藻、龙舌草等

注:湿地岸边带依据水位波动、初期雨水径流污染控制需求等选择适宜的本土植物。

　　滨水人工湿地的建设,既可以集中布置,也可以根据实际情况分散布置。国内外常见的人工湿地营造方式包括:利用地形高差设置垂直流湿地、在线与非在线湿地、表面流湿地、上游小微湿地与下游大型湿地、河滨湿地五种。具体可见表 3.6-11。

表 3.6-11　常见滨水生态人工湿地类型与建设方式

序号	类型	建设方式
1	垂直流湿地	利用原有地形,污水分别进入不同高度的湿地,湿地内布置净化系统,污水由高处流向低处实现净化

序号	类型	建设方式
2	在线与非在线湿地	在线湿地拓宽河床,形成江心湿地、滩涂; 非在线湿地从河道引水,一侧河床设置湿地、净化河流的上游来水
3	表面流湿地	利用表面雨水汇聚成湿地,常用于雨洪管理
4	上游小型湿地与下游大型湿地	上游小型湿地多用于山地小流域的水土保持; 下游大型湿地多用于河口、汇水地区的雨洪调蓄和净化
5	河滨湿地	保障河流和城市生态性的重要措施之一是保证河道两岸足够宽度的滨河蜿蜒湿地

注:摘自参考文献[23]。

3.6.6 生态修复是根本

本节中的生态修复主要是指水生态修复,只有当水生态系统得到可靠的修复,能够自我维持和健康发展,水环境问题才会得到根本性的解决。水生态修复技术是利用动植物和微生物对水体中的污染物进行吸收、分解、转化等作用,以达到去除污染、修复生态系统的作用。水生态是指水体中生物与生物之间,生物与环境之间的物质转化和能量传递的关系,水生态系统包括四个基本要素。

(1)生产者(水生植物)包括沉水植物、挺水植物、浮叶植物、浮游植物(藻类)等,它们吸收阳光等能源将 CO_2、H_2O 等合成为有机物以供动物食用;

(2)消费者(水生动物)包括鱼类、螺、底栖动物、浮游动物等,它们直接或间接地以水生植物为生;

(3)分解者(微生物)包括硝化细菌、反硝化细菌、光合细菌等,它们把生产者、消费者生命活动留下的残体中的复杂有机物转化为简单无机物,排到自然界中,再为绿色植物所利用;

(4)非生物因素是生命体能量的最初来源,包括水、空气、阳光和无机物及有机物,也为生产者、消费者、分解者提供活动场所。

水生态系统各元素之间相互联系、相互制约,每个组件、每个营养级之间维持一定的比例,形成复杂的食物链,详见图 3.6-52 和图 3.6-53,当上述四个基本要素达到生态平衡状态时,水生态系统才能稳定。城市中氮、磷等污染物的排放风险较大,当超过水体的自净能力时,就会破坏水生态系统的平衡。

在控源截污的前提下,水生态修复应以增强河湖自净能力为主线。河湖治理的初期,可采取人工措施进行强力干预,短期内能够扭转不利局面,但是要想长期维持河湖的健康稳定,减轻后期运行管理负担,就必须构筑长效、低维护的水生态系统,实现水体自然净化的良性循环。水生态修复设计不是简单地布置浮床、人工曝气或者种植水草,而是要深刻理解水生态系统中各级生产者、消费者之间的竞争和共生关系;深刻理解水体中污染物的沉淀、稀释、混合、氧化还原、分解化合、吸附凝聚等物理、化学及生物化学过

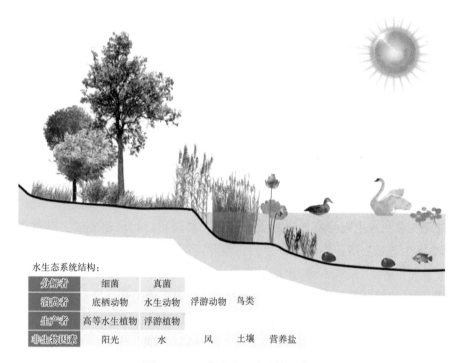

水生态系统结构：

分解者	细菌	真菌		
消费者	底栖动物	水生动物	浮游动物	鸟类
生产者	高等水生植物	浮游植物		
非生物因素	阳光	水	风	土壤　营养盐

图 3.6-52　水生态系统结构示意图

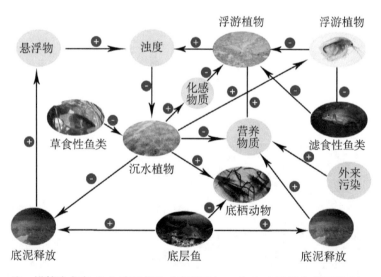

注：沿箭头方向"+"表示相生（有利于），"−"表示相克（不利于）。

图 3.6-53　水生态系统各要素关系示意图(改绘自参考文献[24])

程。因此,本书作者认为,水生态修复设计需要重视以下五点:

(1) 详细计算污染负荷,全面评估河湖的纳污能力。

（2）严格控制底泥营养盐释放。

（3）恢复和保持河湖水系的自然连通,重塑健康自然的弯曲河岸线,恢复自然深潭、浅滩,实施生态修复,营造多样性生物生存环境。

（4）增加河道水动力,配合曝气复氧、渗滤作用,提高氮、磷降解速率,增强水体自净能力;水生态修复需还河道本来应有的模样,人工净化措施是必要的,但是河面不应成为各类设备的展示台。

（5）利用生态系统的自然循环再生和自我修复能力以达到水体溶解氧的稳定;充分利用藻类与高等植物之间的竞争关系,引导"藻型"河湖向"草型"河湖转化。

3.6.6.1　水动力优化

水生态修复技术的选择与水动力情况密切相关,很多研究成果都显示,水位的变化、水流速度是关系到水生态修复效果的重要因素。如果我们对水动力情况没有很深刻的认识,那么水生态修复措施必然是盲目的。因此,本书将水动力优化放在水生态修复技术章节的首要位置。"流水不腐,户枢不蠹",古人不但很早就认识到水动力对水环境的重要影响,而且能够巧妙地利用水动力。早在 2 200 多年前的都江堰水利工程的建设中,李冰父子就已经能够优化和利用水动力造福于民。都江堰水利工程利用鱼嘴分水堤、飞沙堰溢洪道、宝瓶口进水口巧妙实现了江水自动分流(鱼嘴分水堤四六分水)、自动排沙(鱼嘴分水堤二八分沙)、控制进水流量(宝瓶口与飞沙堰)等功能。见图 3.6-54 和图 3.6-55。

图 3.6-54　都江堰鸟瞰图

图 3.6-55　利用杩槎导流

在平原河网地区,为了防洪排涝的需要,河道水系周边往往修建水闸和泵站,形成"大包围","大包围"内部甚至还有圩区等"小包围"。层层"包围"使得河网水动力严重不足,很多河道水流属于静止状态。在这样的水动力条件下,河网自净能力大大降低,难以及时削减外部污染物,当污染物浓度累积到一定程度时,水环境随之恶化,最终导致河道健康水生态的崩溃。因此,在进行水生态修复方案设计时需要首先研究区域水动力现状,掌握河网引排规律,通过水力数学模型计算,并结合现场实际情况,分析水动力方面存在的问题,研究优化水闸泵站的运行方案,必要时可考虑增加工程措施,改善相关区域的水动力不利状况。

南京水利科学研究院在全面梳理城市水系基础上,开展古城区原型观测,设置 12 种方案进行泵闸调控模拟,并将模拟数据与数学模型计算结果作对比验证,并依据原型观测结果建立 1∶12 的物理模型进行试验,最终确定最优活水方案和工程设计参数。苏州古城区河网"活水自流"工程就是利用水动力改善水环境的典型代表。为加速水体交换,苏州在环城河上新建多座活动溢流堰以形成水位差,营造出北高南低的自然水势,同时配合外部防洪枢纽,调控内城河、外城河以及相邻片区的分流比,把上游来的优质源水有效分配到全城百余条河道,从而盘活了外围水系、城区水系和古城水系,实现全城活水。经过短短一年时间的运行,苏州老城区河道实现自流活水、全城活水、持续活水,从根本上解决了河道黑臭问题,同时大大提高了城市防洪排水能力,统筹解决了河道活水与城市排水防涝的矛盾,为其他平原水网地区水环境整治提供了有益借鉴。苏州"活水绕城"

方案及水动力计算示意图见图 3.6-56。

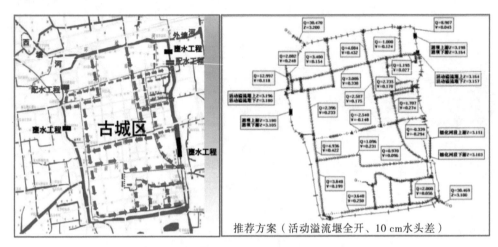

图 3.6-56 苏州"活水绕城"方案及水动力计算示意图

3.6.6.2 人工增氧

人工增氧是通过一定的增氧设备来增加水体溶解氧,加速河道水体和底泥微生物对污染物的分解。一般采用固定式充氧设备(如水车增氧机、提升增氧机、微孔曝气等)和移动式充氧设备(如增氧曝气船),可以充空气,也可以进行纯氧曝气。几种人工增氧工艺比较见表 3.6-12。

表 3.6-12 河湖人工增氧工艺比较表

增氧工艺	主要优点	主要缺点	适用场合
移动增氧	不受水位影响,机动灵活,不占地	投入成本高,对河道水深等要求较高	可通航的河道
机械增氧	安装维护方便,不受水位影响,利于水力循环,不占地	充氧效率低,作用空间小,噪声较大	断头浜、缓流或者不太流动的河道或者小微水体
鼓风曝气	充氧效率较高,噪声易于控制、作用空间可大可小	安装维护不便,受水位影响较大,成本较高,需要占地	黑臭或入河污染严重的水体
纯氧曝气	氧转移效率高,噪声小,作用空间大	成本高,安装维护不便,需要占地,受水位影响较大	黑臭或入河污染严重的水体

河湖曝气量应该根据计算确定,在河湖水生态修复中常用的曝气设备有微纳米曝气、微孔线性曝气、深层曝气、纯氧曝气。现介绍前三种。

1. 微纳米曝气

微纳米气泡是指直径 100 nm~10 μm 之间的气泡,其具有常规气泡所不具备的物理与化学特性。微纳米气泡具有极高的气泡密度与横向的扩散性,可以很长时间在水中逗留,有效提高水中溶解氧。它能与周围的水作用生成效率高的氢氧根离子(OH^-)等自由基,发挥强大的氧化性。高密微气泡围绕在污染物四周,最终破裂于水中,分解氧化水中的污染物。此外,微纳米气泡还能够抑制底泥增加,消化存量污泥。因此,合理运用微纳米曝气对提高水域的自净能力具有较好的效果。见图 3.6-57。

图 3.6-57　微纳米曝气照片

2. 微孔线性曝气

为适应河道线性形态和长距离的特点,将微孔曝气管沿河道纵向进行布置。微孔线性曝气为点状曝气,长距离曝气均匀,气量需求小,具有能耗低的优点,并且能够适应各种水体和地形,安装方便,布设成本低,效率比较高。见图 3.6-58。

图 3.6-58　微孔线性曝气照片

3. 深层曝气

深层曝气是在河道中下部进行曝气增氧,能够解决一般河道曝气中常见的表层溶氧过剩及深层溶氧不足问题,从而更加有效地维持河道整体的溶氧平衡,促进好氧微生物的生长,并有效抑制河道底泥污染物质的释放,并能对河道底泥产生一定的氧化作用。见图3.6-59。

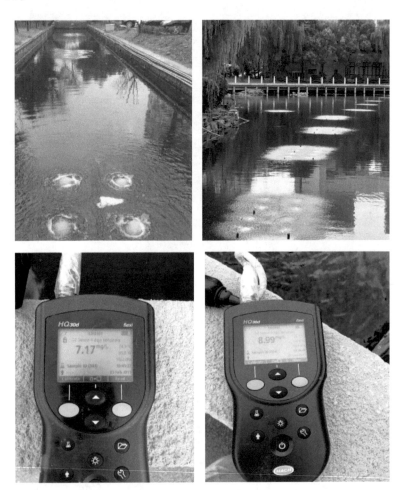

图 3.6-59　深层曝气性能测试

3.6.6.3　生物膜技术(人工水草)

生物膜是指微生物(包括细菌、放线菌、真菌及微型藻类和微型动物)附着在固体表面生长后形成的黏泥状薄膜。生物膜技术可为水体有益微生物生长提供附着载体,提高生物量,使其不易在水中流失,保持其世代连续性;载体表面形成的生物膜,以污水中的有机物为食料加以吸收、同化,因此,对水体中污染物具有较强的净化作用。可作为生物膜载体的材料很多,其中人工水草(各类生物填料、生态基的统称)具有高比表面积、表面附着性强和耐磨损等特点,在国内外河流、湖泊生态修复中应用广泛。

人工水草是用高分子材料复合而成,仿水草枝叶,能在水中自由飘动,形成上中下立体结构层。微生物富集于人工水草表面,形成"好氧-兼氧-厌氧"复合结构的微环境,实现硝化和反硝化作用。人工水草按结构形态主要分为生态基、生物填料及碳素纤维生态草三种类型。生态基由两面蓬松的高分子材料和中间浮力层针刺而成,以阿科蔓生态基为代表;生物填料类型多样,有辫带式生物填料、普通弹性填料以及组合填料等;碳素纤维生态草通过热处理工艺将丙烯酸纤维进行碳化制成。各类产品照片见图 3.6-60,性能比较及特性见表 3.6-13。

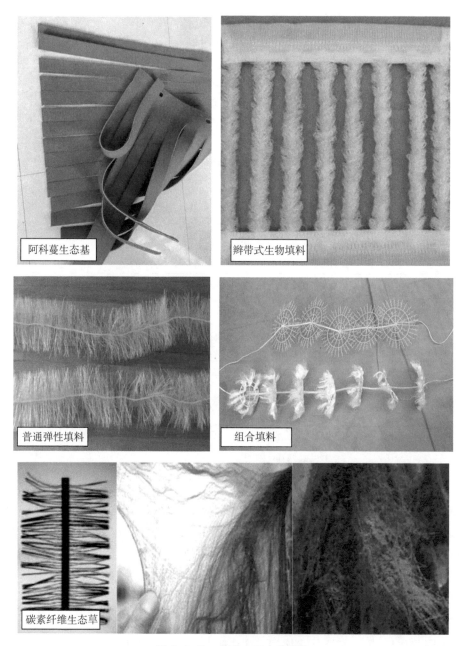

图 3.6-60　各类人工水草照片

表 3.6-13　各种人工水草特性及性能比较表

项目	碳素纤维生态草	生态基	辫带式生物填料	弹性填料	组合填料
材料特性	强度大,质量轻,耐腐蚀强,属于半永久性材料,使用年限为10～15年	高分子纤维聚合物,耐腐蚀性能较差,使用年限约为8～10年	高性能纤维编织物,较重,使用年限约为8～10年	聚烯烃类和聚酰胺的混合聚物,使用年限约为5～8年	醛化纤维或涤纶丝,使用年限约为5～8年
比表面积	64 000～80 000 m²/m²	250 m²/m²	3 000～6 000 m²/m³	50～300 m²/m³	1 250 m²/m³
吸附性能	比表面积大,吸附性能好	通过材料表面的孔穴结构,给微生物提供穴居环境,自然吸附性能一般	水体中的污染物和微生物能够附着在编织材料之间的空隙中,自然吸附性能一般	弹性丝条表面形成波纹并带毛刺,提高比表面积和利于微生物附着	软性填料与半软性填料的优化组合,但因其本身比表面积限制,自然吸附性能一般
挂膜性能	挂膜迅速,在1～3天内,材料表面可形成生物膜	挂膜迅速,在1～3天内,材料表面可形成生物膜	挂膜迅速,在1～3天内,材料表面可形成生物膜	挂膜较慢	挂膜迅速,在1～3天内,材料表面可形成生物膜
脱膜性能	脱膜困难	脱膜困难	脱膜困难	脱膜更新容易	脱膜更新容易
防堵性能	纤维束之间负载的生物膜易结成团块状	生态基依靠表面的微孔结构吸附污染物和微生物,微生物残体不能完全脱落,长期使用会出现堵塞现象	填料依靠表面的空隙结构吸附污染物和微生物,微生物残体不能完全脱落,长期使用会出现堵塞现象	不易堵塞	不易堵塞
生物亲和性能	柔性材料,可为水生动物提供生长、栖息、繁衍的场所	硬性材料,很难成为水生动物聚集、繁衍的场所	硬性材料,很难成为水生动物聚集、繁衍的场所	硬性材料,很难成为水生动物聚集、繁衍的场所	硬性材料,很难成为水生动物聚集、繁衍的场所
处理效率	初期效率较高,后期作用不明显	初期效率较高,后期作用不明显	初期效率较高,后期作用不明显	初期效率较低,后期作用较为明显	初期效率较低,后期作用较为明显
适用范围	主要用于重度污染河道生态治理	主要用于重度污染河道的生态治理	主要用于重度污染河道中直排入河污水的就地生物处理	主要用于重度污染河道中直排入河污水的就地生物处理	主要用于重度污染河道中直排入河污水的就地生物处理

注:本表摘自《杭州市城市河道生态治理常用技术要点及养护要求手册》。

3.6.6.4　沉水植物修复("水下森林")技术

沉水植物在水生态修复尤其是提高水的透明度和景观营造方面的作用日益受到人们的重视。沉水植物通过吸附沉淀、吸收代谢、富集浓缩等作用可以减少水体中重金属离子和氮、磷等污染物质。沉水植物通过光合作用可以增加水中的溶解氧,扩大水生动物的有效生存空间。沉水植物错综复杂的根茎有固着底泥的作用,可以通过对水流的阻尼来减少因风浪扰动和鱼类摄食活动所引起的底泥悬浮,可抑制底泥中污染物的再释放。见图 3.6-61。

沉水植物作用主要体现在以下几点:

(1) 同化作用:沉水植物从水层和底泥中吸收氮、磷,并同化为自身的结构组成物质,

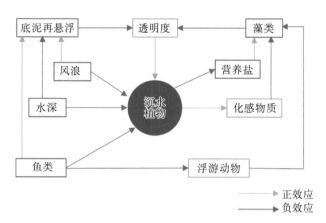

图 3.6-61　沉水植物与相关因素正负效应关系图

从而减少及去除氮、磷等富营养化物质。

（2）营养竞争：沉水植物大量吸收水体中的营养物质，成为优势品种，造成藻类缺乏营养，从而抑制其发展。

（3）絮凝沉淀：水生植物的茎和叶以及浮水植物的根可以减缓水流速度和消除环流，以达到过滤、沉淀泥沙颗粒和有机微粒的作用。

（4）化感作用：沉水植物通过向水体释放化学物质而对藻类产生的抑制作用。

（5）其他生态功能：水生植物群落的存在，为水生多样性和优劣种群的变化提供了条件，为微型动物提供了附着基质和栖息场所，且其可通过大量捕食浮游藻类来控制藻类数量。

河湖治理常用的沉水植物净化能力可参考表 3.6-14 进行初步评估，该表摘录自水生态网（林夕成，2021）。

表 3.6-14　常见沉水植物净化能力参考表

				沉水植物						
序号	植物名称	科	属	除 TN 效率	除 N 能力评价			除 TP 效率	除 P 能力评价		
					一般	较好	优秀		一般	较好	优秀
1	苦草	水鳖科	苦草属	35d 净化率为 88.82%		较好		35d 净化率为 95.51%			优秀
2	密刺苦草	水鳖科	苦草属	35d 净化率为 91.58%			优秀	35d 净化率为 96.81%			优秀
3	黑藻	水鳖科	黑藻属	35d 净化率为 90.97%			优秀	35d 净化率为 95.55%			优秀
4	菹草	眼子菜科	眼子菜属	75d 净化率为 86.92%		较好		75d 净化率为 89.82%		较好	
5	马来眼子菜	眼子菜科	眼子菜属	35d 净化率为 87.11%		较好		35d 净化率为 86.36%		较好	
6	微齿眼子菜	眼子菜科	眼子菜属	35d 净化率为 79.41%	一般			35d 净化率为 82.81%		较好	

续表

序号	植物名称	科	属	除 TN 效率	除 N 能力评价			除 TP 效率	除 P 能力评价		
					一般	较好	优秀		一般	较好	优秀
7	篦齿眼子菜	眼子菜科	眼子菜属	35d 净化率为 82.53%		▨		35d 净化率为 80.89%		▨	
8	金鱼藻	金鱼藻科	金鱼藻属	35d 净化率为 91.27%			▨	35d 净化率为 94.95%			▨
9	穗状狐尾藻	小二仙草科	狐尾藻属	75d 净化率为 86.45%		▨		75d 净化率为 90.46%			▨

注:

1. 表格中除 N 能力评价标准:一般(净化能力＜20 g/m² · a 或净化率＜80%)、较好(净化能力 20～50 g/m² · a 或净化率 80%～90%)、优秀(净化能力≥50 g/m² · a 或净化率≥90%)。

2. 植物对水体的净化作用包括植物直接吸收及间接增效作用等,难以精准衡量计算;且随着实验条件的改变(如种植方式、种植密度、底质条件、生长季节等)。不同的文献数据结果或存在较大差异。

需要指出的是,沉水植物受水深、温度、污染物浓度等多种因素的影响,不同种类的沉水植物对环境的要求也不相同。例如在上海地区,根据相关研究结果,在水深约 2 m 的河道中,总氮大于 6 mg/L 的水体不适合种植沉水植物;不同沉水植物适合生长的水层也不一样,金鱼藻在表层生长最好,在 1.5 m 水深处会全部死亡;苦草生长范围较广,底层可生长,在 0.5～1.0 m 范围内长势最好;黑藻在表层至 0.5 m 之间长势最好(王丽卿,2018)。见图 3.6-62。

图 3.6-62 水下森林实景照片

3.6.6.5 沉水植物悬床

沉水植物在水生态修复中有着非常广泛的运用,但是沉水植物的生长受自然条件的影响很大,对于水深较大、透明度较低的河道,如在河底直接栽种沉水植物,将无法进行正常的光合作用,难以成活。沉水植物悬床技术是一项专门用于突破沉水植物生长限制条件的专利技术,利用可以升降的沉水植物种植基床,人为调节沉水植物在水下的深度,可克服水深、透明度等因素对植物生长的制约,确保其正常健康生长,从而充分发挥出沉水植物在改善水体透明度、提高溶解氧方面的优势。

沉水植物悬床适用于水深大于 2 m、流速不大于 1.5 m/s 的河湖水体,对于由于某些原因(例如硬质结构的河底)而无法种植沉水植物的河湖也同样适用。沉水植物悬床具有组合方便、安装便捷的特点,能够在河道不断流的情况下进行安装施工,适应性强,可大大缩短施工周期。沉水植物悬床结构通过钢管桩或其他支撑结构固定在河湖中,并通过控制装置将悬床的床体放置在水面以下 80~100 cm 处(见图 3.6-63 可根据后期水体透明度变化情况人工调节深度),确保沉水植物能够得到良好的光照,悬床床体的主体材料是采用天然材料制成的种植基,对沉水植物的根系非常友好,健康生长的沉水植物将对水体起到很好的净化作用。图 3.6-64 至图 3.6-66 为沉水植物悬床相关示例图,表 3.6-15 为沉水植物悬床种植基质性能指标要求。

图 3.6-63 沉水植物悬床结构断面图

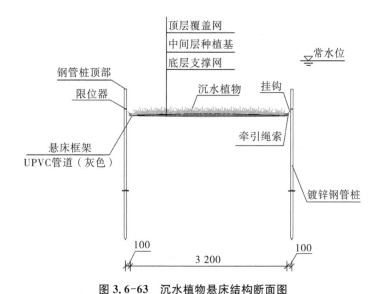

图 3.6-64 沉水植物悬床种植基

图 3.6-65 沉水植物悬床应用实例图(上海普陀区外浜河道)

图 3.6-66 悬床种植基沉水植物生长照片(上海静安区徐家宅河)

表 3.6-15 沉水植物悬床种植基质性能表

基质性能	指标要求
基面厚度	5 cm
基面密度	20 kg/m³
基面强度	0.60 kN/m²
抗冲刷能力	3.5 m/s
种植植物范围	须根系草本
种植效果	对植物根系非常友好,根系能穿透深入基面

3.6.6.6 抗风浪生态浮床

生态浮床是利用植物根系和人工载体及其附着的生物膜,通过吸附、沉淀、过滤、吸收和转化等作用,提高水体透明度,有效降低有机物、营养盐和重金属等污染物的浓度(见图 3.6-67)。生物浮床是绿化技术与漂浮技术的结合体,由于安装投放较为方便,故而在当前河道生态修复中被广范使用。见图 3.6-68 至图 3.6-70。

图 3.6-67　生态浮床示意图

图 3.6-68　新型抗风浪浮床工程案例照片

图 3.6-69　新加坡椰子壳制作浮床

图 3.6-70　生动有趣的漫画科普展示板

　　本书介绍一种能够抵抗较大风浪、承载能力强的生态浮床,该浮床采用环保型发泡多孔弹性板材料作为浮块基质,该材料为密闭泡孔结构,不吸水,浮力大,具有韧性高,耐严寒和暴晒的优点,并且耐海水、油脂、酸、碱等化学品的腐蚀,抗菌、无毒、无味、无污染。弹性浮板基质的物理力学特性见表 3.6-16:

表 3.6-16　弹性浮板基质物理力学特性表

物理力学特性	数值	备注
材料密度	95 ± 15 kg/m³	运输、安装轻便
水中最大承载重量	1 000 kg/m³	浮力大,可上人,载重能力强
适应温度	$-30 \sim 105$ ℃	—
拉伸强度	>500 kPa	—
撕裂强度	16 N/cm	—
断裂伸长率	>150%	—

　　弹性浮板周边设置不锈钢边框,各浮板之间采用不锈钢连接件连接,浮床整体通过固定桩或者其他措施固定。新型抗风浪生态浮床具有整体性强、景观效果好、抵抗风浪能力大、造型多变、水深适应范围广、养护方便的特点,并且对福寿螺的生长有明显的抑制作用,不仅适于在中小河道进行生态恢复及景观构建,也适用于水库及通航河道等风

浪干扰较大的水体。各类浮床材料性能对比见表 3.6-17：

表 3.6-17 常见浮床材料性能对比表

项目	新型抗风浪生态浮床	聚乙烯浮床	聚苯乙烯浮床	复合纤维浮床
浮块材料	环保型发泡多孔弹性板	聚乙烯	聚苯乙烯	复合纤维
抗风浪能力	强,整体性好,能够抵御较大风浪	一般,易被大风浪打散	较弱,不适合较大风浪	较弱,不适合较大风浪
使用年限	10 年以上	3～5 年	1～3 年	3～5 年
养护便捷程度	养护方便,浮床可上人	一般	较难	一般
景观及生态效果	可定制任意形状,能有效抑制福寿螺的暴发	一般	一般	较好
适用范围	使用范围较广,中小河道、水库、湖泊、滨海地区均适用	适合中小河道	适合中小河道	适合中小河道

3.6.6.7 底泥原位改良

底泥内源污染是影响水质的重要因素。底泥是河湖的沉积物,水体和底泥之间存在着吸收和释放的动态平衡,水体中一部分污染物能够通过沉淀、吸附等作用进入底泥中;而在一定条件下,累积于底泥中的各种有机和无机污染物通过与上覆水体间的物理、化学、生物的交换作用,重新进入上覆水体中,成为影响水体水质的二次污染源。当底泥中有大量有机物存在时,好氧微生物首先利用溶解氧进行降解,溶解氧消耗后,反硝化微生物利用硝酸盐氮作为氧化剂降解有机物,硝酸盐氮被消耗后,就会发生硫酸盐厌氧还原,产生大量硫化物。总体而言,底泥主要通过以下 4 种方式影响上覆水体水质。

（1）由于底泥与间隙水中浓度差引起的污染物向上覆水体的释放过程,从而使上覆水体中主要污染物浓度增加;

（2）底泥微生物降解有机物的过程消耗上覆水体中的溶解氧;

（3）在底泥再悬浮过程中,吸附的污染物向上覆水体的扩散、释放,增加了上覆水体中的有机污染物;

（4）底泥扰动增加了底泥中污染物向上扩散的速率。

对劣质化底泥进行处理,改变其基本物理、化学性质,增强底泥对污染物的固定能力,降低底泥中污染物向水体迁移的风险,是消除底泥内源污染的重要方法。本书介绍了两种无毒无害、对环境友好的底泥原位改良产品,即改性材料——贻水净与高效除磷抑藻棒。

1. 改性材料——贻水净

氮、磷等营养物质的输入和富集是水体发生富营养化的最主要原因,当水体中的总氮和总磷浓度的比值在 10∶1～15∶1 的范围时,藻类生长与氮、磷浓度存在直线相关关系。有研究指出,湖水的总氮和总磷浓度的比值在 12∶1～13∶1 时最适宜于藻类增值。磷是控制水体藻类生长的重要因素。

改性材料——贻水净是以厚壳贻贝等生物材料,通过改性加工工艺制成的复合贝壳改性生物材料(见图 3.6-71 和图 3.6-72)。该材料具有吸附能力强、效果明显、见效快、成本较低,无二次污染等优点,单位磷去除率可达到 200 mg/g。贻水净使用 7 天后的对比图见图 3.6-73。

图 3.6-71　底泥改良剂——贻水净(PCA)

HAP化学式

图 3.6-72　贻水净(PCA)电镜形态

图 3.6-73　贻水净(PCA)使用 7 天后的对比照片

　　贻水净材料的独特结构具有高比表面积的内部物理结构特性,使其具有很高的磷吸收能力;另外,其在中性环境下能形成磷酸钙稳定水合物(HAP 等物质),使水体中可溶性的磷元素析出并稳定固着。贻水净(PCA)稳定去磷率为 95%,可持续 600 天以上。1 kg 贻水净(PCA)可保障 10 t 自然水体一至两年内不发生水华。图 3.6-74 为贻水净与其他材料控藻能力对比。

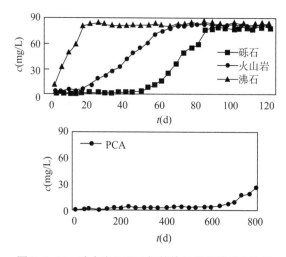

图 3.6-74　贻水净(PCA)与其他材料控藻能力比较

2. 高效除磷抑藻棒

　　高效除磷抑藻棒是一种可对底泥磷吸附钝化的棒状天然矿物材料。高效除磷抑藻棒具有较大的比表面积和特殊的表面物理化学结构,材料表面由于类质同晶置换等作用的存在而产生过剩负电荷,具有较强的阳离子交换能力,除磷棒中还有一定量的无机固磷负载物,因此,该材料可与底泥中的磷结合,使底泥中的磷钝化,达到消除内源污染、提升水质、抑制藻类暴发的目的。该材料具备抗风浪能力强、固磷容量高(高达 35 mgP/g)、固磷持久性好、使用方便、适用范围广、不易引起水体 pH 值波动、安全友好等优点。

该材料主要是利用天然无毒的凹凸棒材料(简称"凹土")作为载体,通过对凹凸棒进行棒晶束解,增强其孔道的负载性后进行活性负载,制备出的一种含镧及铝的双金属锁磷材料。高效除磷抑藻棒主要利用镧铝活性负载后的凹凸棒材料,采用热活化固结塑形、活性负载以及干法一次成型等改性技术与工艺制备而成。高效除磷抑藻棒整体呈圆柱形,直径为 6 mm(见图 3.6-75)。

图 3.6-75　高效除磷抑藻棒照片

高效除磷抑藻棒使用范围广,能针对不同浓度的磷进行去除,在总磷浓度极低(0.1 mg/L 及以下,去除率大于 99%)以及高浓度(200 mg/L,去除率接近 80%)下均有较好的去除效果,在 pH 值为 4～10 之间磷的去除效率基本不受影响,适用范围广,并且能有效提高沉积物-水界面的氧化还原电位。高效除磷抑藻棒相关应用效果具体见图 3.6-76 至图 3.6-79。

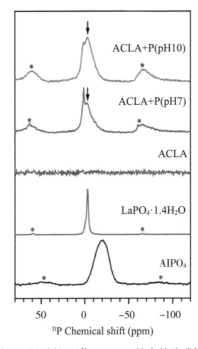

图 3.6-76　基于固相磷核磁(^{31}P-NMR)的高效除磷抑藻棒固磷机制

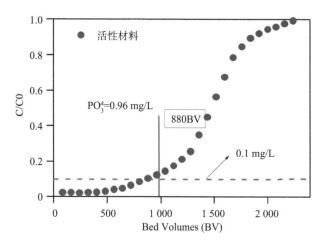

图 3.6-77　高效除磷抑藻棒对合肥市南淝河中磷去除效果

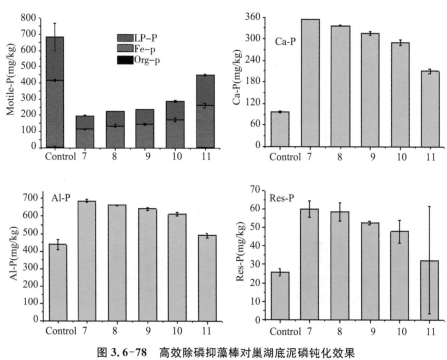

图 3.6-78　高效除磷抑藻棒对巢湖底泥磷钝化效果

　　根据往期试验数据及工程应用经验,高效除磷抑藻棒能稳定除磷 95% 且持续 600 天以上,单位磷去除率可达到 35 mgP/g。对于一般水体可直接投加,若水体原始底泥较厚,为了保证处理效果,应尽量先对表层淤泥进行环保疏浚,随后向河底投加高效除磷抑藻棒,以氧化降解底泥中的污染物,防止内源释放对水体的影响,增加泥-水界面氧化层厚度,增强河道自净能力。根据水体污染程度,高效除磷抑藻棒投加密度为 300~1 000 g/m²。

图 3.6-79 高效除磷抑藻棒在武汉湖泊中的应用效果

3.6.6.8 生物操控技术

生物操控即通过对水生生物群及其栖息地的一系列调节,以增强其中的某些相互作用,促使浮游植物生物量下降。由于人们普遍注重位于较高营养级的鱼类对水生生态系统结构与功能的影响,生物操控的对象主要集中于鱼类,特别是浮游生物食性的鱼类,即通过去除食浮游生物者或添加食鱼动物来降低浮游生物食性鱼的数量,使浮游动物的生物量增加和体型增大,从而提高浮游动物对浮游植物的摄食效率,降低浮游植物的数量。见图 3.6-80。

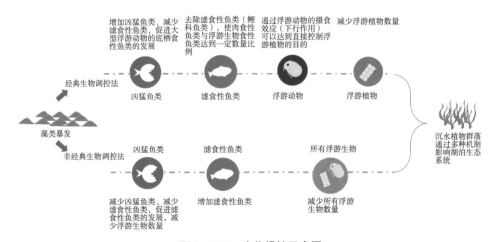

图 3.6-80 生物操控示意图

(1)经典生物操控法及其应用

经典生物操控方法是通过捕杀或者直接放养肉食性鱼类等方法(如鳜、乌鳢),除去以浮游动物为食的鱼类,保护浮游动物以便提高其对浮游植物的摄食量,以减少藻类的生物量,提高水的透明度和改善水质。

(2)非经典生物操控方法及其应用

非经典生物操控方法是通过直接投加滤食性鱼类(如鲢、鳙鱼),防止水体富营养化,从而直接控制藻类生长和繁殖。因为滤食性鱼类不仅滤食浮游动物,有的也会滤食浮游植物,许多实验结果表明,当鲢、鳙等滤食性鱼类达到阈值密度时,对蓝藻等大型藻类或群体反而有较好的控制作用。

3.7　人文地域性设计

现代生态景观规划设计一个重要的目标是实现可持续发展,不仅仅是物质的可持续发展,更重要的是精神、文化的可持续发展。山水自然资源对一座城市来说固然很重要,但决定城市的格局和品位的是人文资源,这也是设计师寻找创意的支撑点,我们不能凭空产生一种信念,也不应随意抄袭和拼凑其他地方的文化元素,以景观生态设计原则为遵循,保存文化的时空记忆与现场记忆,在中国这个文化传承悠久的国家显得尤为重要。城市滨水空间的文脉传承包含着"传"与"承"两个方面,既要把滨水景观的现在与历史融为一体,保留场所的历史印迹,作为城市的记忆,唤起造访者的共鸣,也要把现状与未来连通,激发其新的活力。

城市的滨水区域积淀了大量的历史遗存,蕴含着丰富的历史文化特征,滨水空间生态景观设计也是对城市历史文化的一次梳理与再现,应注重对当地人文资源的发掘和提炼,深刻理解历史文脉、地域特点和场所精神,正确把握其精髓,在设计方案中通过艺术等各种手段展现出来,让其得到发扬和传播,最终营造出具有历史文化底蕴和城市独特气质的滨水开放空间。

3.7.1　从文学作品中寻找灵感

东西方文化风格的区别是非常明显的,如果说西方人喜欢具象的油画,那么中国人则更钟情于抽象的山水画。自古以来,无数中华文人墨客寄情于山水,借物明志,很多诗词歌赋通过对滨水景观意境的描绘来反映作者的喜怒哀乐,抒发情感,表达人生哲理。见图 3.7-1 至图 3.7-3。

明代杨周的"柳暗花明春正好,重湖雾散分林鸟。何处黄鹂破暝烟,一声啼过苏堤晓"。惟妙惟肖地描绘出了初春时苏堤的美景,诗中不但有画面还有听觉,从此西湖的《苏堤春晓》声名远播。"烟笼寒水月笼沙,夜泊秦淮近酒家",唐代杜牧这首《泊秦淮》将烟、月、水、沙和谐地融合在一起,展现出一幅朦胧淡雅的水边夜色,十里秦淮河的厚重历史文化底蕴让人心向往之。"落霞与孤鹜齐飞,秋水共长天一色"出自唐朝王勃所作《滕王阁序》,作者以落霞、孤鹜、秋水和长天四个景象勾勒出的壮美景象,让滕王阁名闻天下,成为江南名楼。

因为一篇诗文而天下闻名的景观还有很多,例如,崔颢的《黄鹤楼》、张继的《枫桥夜泊》等,中华文化博大精深,无数名篇佳句让人或身临其境,或浮想联翩,这些都是设计师进行创作的灵感源泉。将文学作品与滨水景观紧密关联在一起,能够有效激发大众的求知欲和探索欲,在潜移默化中实现传统文化的继承和传播。不过需要指出的是,在进行

图 3.7-1　杭州西湖的苏堤

图 3.7-2　南京秦淮河

滨水景观设计时应注意选择一个非常清晰的文化主题,并加以重点发掘和打造,防止大量的、无序的简单堆砌。

3.7.2　保留和提炼历史遗迹

历史的延续性是城市滨水空间景观设计独特性的重要基础,也是打造滨水空间持久吸引力的有效方式。古建筑是城市历史文化当中重要的有形遗产,不同城市的建筑风格迥异,这种差异性最能够体现一个城市的地域文化特征,例如,北方建筑气势恢宏,南方

图 3.7-3　南昌滕王阁

建筑精致淡雅。天津的老建筑风格多以欧美建筑为主,给人带来浓郁的异国风情,仿佛为大家讲述了天津作为对外口岸的历史故事;苏州的古建筑多为粉墙黛瓦,轻巧且错落有致,是文人墨客笔下的吴侬软语烟火人家;中西合璧的老建筑构成了上海城市空间的底色,外滩建筑群是旧上海资本主义银行业的写照;上海杨树浦电厂遗迹向人们默默诉说着近现代中国工业发展的历史,而位于苏州河北岸弹孔密布的四行仓库,则时刻提醒人民不要忘记那段可歌可泣的淞沪抗战史。

随着时代的变迁,城市中能够保留下来的古迹已经不多,设计师应对相关的古建筑、历史遗迹、风景名胜等重新审视,通过对历史文化遗产的保护、保存与改建,提炼和展现其中最具代表性的部分,实现对历史文化精神和地方风土人情脉络的传承。尊重历史传统并不是拘泥于传统,关键在于以巧妙的设计手法作为串接传统与现代的纽带,打造出新旧共生的城市新地标,例如,上海徐汇滨江区域以前分布着大量的厂房、码头,为了重塑工业遗产的地域风格和文脉,在进行岸线规划设计时,应秉持尊重文化遗产资源的不可再生原则,将滨水工业遗产融入景观环境之中,保留部分原始工业建筑厂房,采取功能置换等策略,引入公共活动,建设文化休闲区,让原始工业遗产的场所精神重生,唤起人们对"场所精神"的共鸣,并通过新旧景观元素的对比来塑造人们对于滨水工业遗产新的价值认知。见图 3.7-4。

大连的蟹子湾曾是重要的重工业制造场所,在城市滨水空间改造中注重了对工业遗址的保护,在增加游览、运动等亲民区域的同时,设置了工遗文化展示区,降低了对原有文化的冲击与破坏。见图 3.7-5。

图 3.7-4　上海徐汇滨江

图 3.7-5　大连蟹子湾公园

　　在西方国家也有很好的案例,如美国的纽约高线公园(见图 3.7-6),位于曼哈顿西海岸,在保留废弃近 30 年铁路专用线的基础上,打造了极具特色的空中花园,可供居民欣赏哈德逊河的美丽风光;英国伦敦达克兰的金丝雀码头和丹麦哥本哈根港口码头(见图 3.7-7)则是城市老码头再生的典型案例。这些城市保留并适应性地改造了原来的工业历史建筑,形成了场地的独有特征。

图 3.7-6　纽约高线公园

图 3.7-7　丹麦哥本哈根尼哈文老港

3.7.3 挖掘传说与历史故事

故事对人的吸引力是毋庸置疑的,我们往往不会接受一本正经的说教,但非常容易记住一个好故事。许多历史故事和传说家喻户晓,在景观设计中挖掘并展现这些故事,非常有助于地域文化主题的强化和传承。例如,京杭大运河台儿庄段的滨水景观则是融入了古代航运文化,古代出于航运安全通航的需求,衍生出了水龙王、镇河兽等传说,而在现代滨水景观设计中,设计者对龙王庙、关帝庙等破败庙宇进行了修茸,同时以这些庙宇为中心,恢复茶楼戏台,将传说、习俗完美嵌入现代设计中。见图3.7-8。

图 3.7-8 大运河台儿庄段

南京燕子矶滨江风光带中的五马渡,记述了我们中华民族历史上的一次重大的政治、文化及民族大迁徙、大融合的大事件。西晋末年"八王之乱",北方的汉族先后南下,迁移到长江中下游一带,拉开了中国政治与文化中心南下以及华夏文化、中华民族大融合的大幕。传说琅琊王司马睿、西阳王司马羕、南顿王司马宗、汝南王司马祐、彭城王司马纮渡江至此,其中,司马睿所乘坐骑顿时化龙飞去,这组雕塑正是对"五马浮渡江,一马化为龙"传说的诠释。见图3.7-9。

新加坡河是新加坡的生命之河,早期移民都是依靠这条河流来维持生计。几百年来,新加坡河见证了早期移民的血泪,见证了殖民统治的兴衰,见证了日本侵略者的滔天罪恶,也见证了一个新兴城市国家的诞生和发展。今天,新加坡政府对其进行了保护和开发,形成重要的旅游景点和娱乐中心。漫步河畔,游人可以参观许多富有纪念性的标

图 3.7-9　南京五马渡广场雕塑

志和建筑,如鱼尾狮广场(见图 3.7-10)、莱佛士登岸遗址(见图 3.7-11)、新加坡旧国会大厦艺术之家和新加坡维多利亚纪念堂等,新加坡的历史在这里得到了充分的展现。

图 3.7-10　新加坡鱼尾狮广场

图 3.7-11　莱佛士登岸遗址

　　几乎所有拥有水域的城市，都会将滨水区域打造成"城市会客厅"，人们对于城市水空间的向往是不约而同的。新加坡把象征国家的"鱼尾狮"雕塑设置于水岸，喷泉划出完美的抛物线入水，更加完美地实现了水岸交融，让鱼尾狮广场成为世界闻名的著名景点。

3.7.4　展现传统民俗风情

　　对于一般人来说，民俗风情是识别地域文化特色的重要因子，是其独特文化最直接的外在表现。民俗风情在历史发展中通过人与人之间的生产活动、文化交流保存至今。相较于物质文化遗产来说，民俗风情属于动态的非物质文化遗产。发掘当地的地域文化和风土人情是城市滨水景观规划设计中的重要手法。民俗风情、传统习俗在人们日常生活中通常表现为饮食习惯、传统服饰、方言和音乐等。优秀的设计师可以提取其中的抽象元素，并提炼为符号、纹饰、配色等运用于景观设计，并且会仔细观察当地居民在生产、生活中产生的景观需求，以便在设计方案中为民俗活动提供足够的活动空间与基础设施，发挥它作为城市重要公共空间的作用，满足人们的精神活动需要，例如庆典、表演和水上比赛等，在城市滨水空间开展这些具有一定规模和规律的文化活动，使得民俗风情与景观空间得到最大限度的协调融合，这样的滨水空间才能充满活力。例如，赛龙舟是广州的特色民俗，是城市滨水空间中一道亮丽而又热烈的景色，参与感极强，设计师就需要围绕这项活动设计相关的景观元素和配套设施。见图 3.7-12。

图 3.7-12　广州赛龙舟活动

　　设计师在充分研究和评估当地传统的手工艺后,应重视对民俗工艺的发掘,促进当地传统手工艺的发展。例如,我国哈尔滨冬季景观以其冰雕技术闻名海内外,在松花江河畔,冬季有冰雕展出,并结合冰上娱乐展现冰城独特的文化魅力与地方特色,这对滨水空间文化活力的营造具有极高的借鉴意义。见图 3.7-13。

图 3.7-13　哈尔滨冰雕、雪雕

湖北仙桃市汉江江滩公园在进行滨水景观打造时，充分发掘当地的水运文化、皮影文化、楚剧文化和沔阳剪纸，打造出极具地方特色的城市滨水空间。见图 3.7-14。

图 3.7-14 仙桃市汉江江滩公园滨水景观中的当地文化元素

从景观设计师的角度来说，在不同的地方放入雷同的景观元素，图一时轻松，只会留下永远的笑柄。景观与游人的关系最为直观明显，游客经典的"到此一游"照片的聚焦点永远都是"雕塑小品"，在现代网络社会，这些游客的照片常常会以想象不到的速度传播，优秀的雕塑能为景点起到非常好的宣传推广作用。重视不同的地域文化，恰当地汲取本土的元素，再以景观设计的形式加以呈现，设计师的这些巧妙用心能够得到的最高褒奖就是民众的口碑和称赞。

第4章

典型案例介绍

4.1 上海吴淞炮台湾湿地公园

4.1.1 项目概况

项目位于黄浦江和长江交汇处,属于上海市宝山区,西倚炮台山,呈南北狭长地貌,占地面积为53.46公顷。由于项目地块西南角为著名的吴淞口,是上海市的"水上门户",因借地形建成水师炮台,故得名"炮台湾"。项目地块在20世纪60年代是上海第五钢铁厂的钢渣下料场,自20世纪90年代以来,日益严重的环境污染直接影响了黄浦江与长江的自然生态。该项目由上海市政工程设计研究总院(集团)有限公司设计,其遵循生态修复理念,采用现代技术,将景观设计、防洪功能、基地改良等融合在一起,还原了黄浦江与长江交汇处独一无二的自然风貌,并且巧妙嵌入炮台湾具有历史特色的军事文化和国家工业化建设史。其建设前照片及平面布置见图4.1-1和图4.1-2。

图4.1-1 上海吴淞炮台湾湿地公园建设前照片

4.1.2 设计策略和方法

(1)借山引景,废渣造景,充分利用原有地形地貌

设计方案以炮台山为背景,将其引入景观序列,背山面江,空间开阔;利用现有地形地貌,合理平衡土方,营造山丘、湿地、岛屿等多样的空间;利用原地形和部分废弃矿渣材料,建

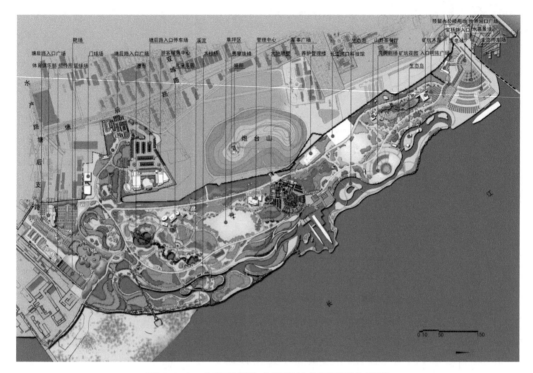

图 4.1-2　上海吴淞炮台湾湿地公园平面布置图

造落差达 5 m 的落瀑景观,作为源头与公园内通向长江的溪流形成一个连续的水体。

(2)突破防汛堤的传统概念,规划滨水景观道

防汛墙采用后退式的设计,既保证了长江防洪体系的完整性,又为湿地景观的塑造提供了良好的基础。面积 5.4 公顷的原生态长江滩涂地是整片湿地的雏形,新建部分与原有湿地连成一体,通过人行栈道相连,形成沿江的观江平台与内水的栈道相连贯的湿地观景体系,并利用湿生与水生植物配合,突出湿地景观特色。公园形成"堤内—森林"和"堤外—湿地"两种地貌景观。

(3)湿地再造,改良滩涂,恢复生态

工程融合生态恢复的工程技术,逐步改良土壤,引入植物设计的时效观念,低成本营造生态景观;营建野趣自然、功能健康、结构稳定、持续发展的滨江流水湿地植物群落,以及乡土森林植物群落。大面积的乔木种植也提高了区域内的造氧量,形成舒适的休息空间,成为名副其实的"森林氧吧"。

(4)矿渣筑路,材料的再生利用

工程利用矿渣结合沥青作为铺地材料,实现材料的再生利用。现状场地为钢渣回填地,平均厚度 8 m,钢渣碱性大、透水性高,不宜种植植物,工程上主要采取两种措施:第一种是大面积利用钢渣塑造地形,上层覆种植土,这样可以直接种乔、灌、草等植物,立竿见影;第二种是小范围的、示范性的,对钢渣进行改良,先种植草本植物,再经过长期的风

化、改良等,逐渐种植灌木、乔木等植物,最终达到森林景观效果。

(5) 文脉的延续,军事文化特色主体的营造

设计从诸多方面体现出军事文化这一主题,再现土地历史的记忆。设计者将退役的军舰作为公园的一个旅游景点,同时也作为少年科普的教育基地,举办军事专题展览,宣传军事主题。在公园主要入口,具有军事人物、军事历史的雕塑景墙,直观地向人们展示了场地的历史与文化。公园的中心广场背山面水,视野开阔,是长江景观最佳的观赏点。将退役的火炮放置在中央军事广场中央,周边呈盾形跌水造景,结合雾化景观,烘托出硝烟弥漫的气氛,将公园军事文化的展现推向高潮。见图 4.1-3。

图 4.1-3 上海吴淞炮台湾湿地公园实景图

4.2 上海南翔镇横沥河生态景观项目

4.2.1 项目概况

项目位于上海市嘉定区南翔镇,横沥河生态景观打造重点区段是蕰藻浜至真南路段(河道长度为 1.9 km),工程任务包括滨水生态景观建设,对河道两岸文化旅游路线及整体景观建设进行规划设计,同时增强区域防洪除涝能力,满足引清调水、改善航运条件,促进地区的社会经济发展。其项目实施前照片见图 4.2-1。

图 4.2-1 横沥河生态景观项目实施前照片

4.2.2 设计策略和方法

设计师贯彻和秉持"水岸共治"的设计原则,引入水安全、水景观、水生态"三位一体"的设计理念(见图 4.2-2)及策略进行规划设计,打造完善的河道生态,彻底解决河道污染等诸多"疑难杂症"。横沥河生态景观项目总平面设计图见图 4.2-3。水安全主要涉及水利专业,确保防汛堤坝的连贯性,防洪标高满足设防要求,并利用河道湖泊等海绵体,建立雨洪调蓄系统。水景观是在保证水安全的基础上,打造具有南翔地域特色的滨水景观。水生态主要是消除河道黑臭,消除污染源,通过底泥清淤,控制污染排放,结合水质综合修复与净化技术,恢复滨河生态系统。在此基础上,挖掘水文化,做好水文章,促进水旅游,构建具有特色的滨水景观,本工程设计理念的实践及应用,对城市河道的综合治理具有很好的参考意义,可以实现社会效益、生态效益和经济效益的和谐统一,并加速推动生态城市和海绵城市的建设。

(1)海绵城市理念的应用

在滨河绿地里建造雨水花园(见图 4.2-4),种植了水陆两生植物,如千屈菜和美人蕉,与鹅卵石自然搭配,再配合一系列的跌水和小溪,通过沉淀、植物根系吸附和土壤砂石的净化,对雨水进行自然存蓄、自然渗透和自然净化,净化后的水体再排入河道,解决了雨水排放和过滤的问题,并美化了环境空间。

(2)生态护岸的应用

横沥河护岸采用篮筐式生态护岸结构,这是一种新型生态护岸形式,它的优势在于结构透水性好,结构耐久性远远强于钢筋石笼,在篮筐内部填充天然石料,可以对雨水径流进行有效净化,同时还可为动植物提供很好的生长和栖息场所,

水安全——绿色生态技术的植入
- 生态护岸技术的植入
- 海绵城市理念的应用——雨水花园的建造
- 节能优先的照明系统设计

水生态——滨河生态系统的修复
- 选用了300多种植物,打造植物多样性,同时共设置11处特色植物景点
- 形成疏密有致的植物空间,打造自然、生态的滨河景观

水景观——植物群落构建,湿地景观再造
- 河道清淤,污染控制,水质提升
- 通过种植水生植物等措施,改善和提高水质

水文化——地域文化的植入
- 选取六处景点作为新"横沥六景"予以重现
- 修缮天恩桥,重建程家园,移地重建荔园、仙桥桥,并通过新建天恩史话馆和融合小型商业建筑的码头等措施再现南翔过往的历史风貌
- 打造一条具有人文历史、江南水乡和休闲旅游等特色的景观文化游赏路线

图 4.2-2 横沥河生态景观设计策略图

对提高河道自净能力、增强河道的整体生态效果具有很好的促进作用。见图 4.2-5。

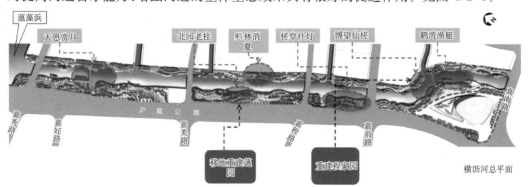

图 4.2-3　横沥河生态景观项目总平面设计图

图 4.2-4　横沥河雨水花园实景图

图 4.2-5　横沥河篮筐式生态护岸施工中与建成后的对比图

（3）植物群落构建，湿地景观再造

横沥河项目共选用了 300 多种植物，营建野趣自然、功能健康、结构稳定、持续发展的滨河湿地植物群落，共设置 11 处特色植物景点，由南往北依次为：河滨野趣、紫荆缤纷、桃园春晓、竹坞寻幽、槎山枫径、秋水金林、丹桂飘香、桐荫婆娑、杉影浮岛、李香樱艳、天恩探梅。水生植物品种选用鱼类喜食的植物，优选基生草，后选茎生草，并防止植物的过度蔓延，提倡本土物种，杜绝外来物种。在河道水位的变动区，水生植物主要采用挺水和湿生两种。见图 4.2-6 和图 4.2-7。

图 4.2-6　横沥河绿化配置实景照片

图 4.2-7　横沥河绿化配置实景照片

（4）地域文化的发掘

以现代的设计手法重新诠释南翔风土人情和槎溪文化，通过查阅南翔县志及实地走访，结合场地条件和原景点地理位置，重新理解古诗词含义，最终选取"天恩赏月、北园老桂、鹛林消夏、槎阜社灯、博望仙槎、鹤湾渔艇"六处景点作为新"横沥六景"予以重现。见图 4.2-8 和图 4.2-9。

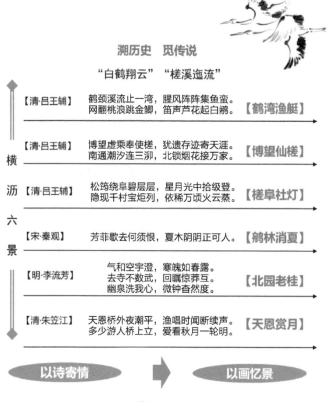

图 4.2-8　横沥河地域文化发掘

图 4.2-9　修建仙槎桥,重建程家园

　　挖掘南翔的历史元素,凝练成三组雕塑,展现南翔的地域文化特色,分别为:鹤舞南翔雕塑、江上渔者雕塑和诗人李流芳的雕塑,分别对应了南翔的鹤文化、横沥河的水岸文化和南翔的历史名人文化。见图 4.2-10 和图 4.2-11。

图 4.2-10　诗人李流芳雕塑

图 4.2-11　江上渔者雕塑

4.3　上海金山区鹦鹉洲湿地公园

4.3.1　项目概况

　　金山区鹦鹉洲湿地公园选址位于金山新城,区域东至金涛路,西至卫二路,北至大堤路,南临杭州湾。鹦鹉洲湿地公园是上海第一座盐沼湿地公园,项目总占地面积为23.2 万 m^2,通过湿地基底修复、本地植被恢复、水体生态修复和景观造景,形成了独具特色的杭州湾潮滩湿地景观,提升了区域生态服务功能与环境质量。鹦鹉洲湿地具体位置见图 4.3-1。

图 4.3-1　鹦鹉洲湿地具体位置图

　　项目生态修复目标为:①重构并恢复潮滩湿地,建成兼具生态功能与水质净化功能的复合型湿地,其中,植物恢复区的植被覆盖度达到 30% 以上;②湿地生态修复区水质明显提升,主要水质指标有明显改善,出水与进水相比,其无机氮、活性磷酸盐及悬浮物的削减率分别约为 20%、15% 和 30%。

4.3.2　设计策略和方法

　　结合国家与地方实际需要,鹦鹉洲湿地公园以“恢复滨海盐沼湿地生态系统”为核心工作内容,整体突出海洋特色。鹦鹉洲湿地建设前照片见图 4.3-2。项目主要有四大设计策略:

（1）通过生态前置库、表流湿地、清水涵养塘构成的水质生态净化系统改善来水水质，为盐沼湿地恢复区、湿地生态观鸟区以及水上休闲区提供优质水源。

（2）通过修复生境为盐沼植物快速恢复创造条件，进而形成湿地生态系统。

（3）通过生境多样化设计为水生生物、鸟类等提供栖息地，形成丰富多样的滨海湿地景观。

（4）通过湿地区域内游览廊道、观赏休闲亭台等配套设施的修建，为当地居民及游客提供休闲娱乐场所，兼具观赏优美湿地生态景观、接受相关生态科普教育的功能。

图 4.3-2 鹦鹉洲湿地建设前的照片

项目具体设计方法是通过人工潮汐流调控、潮沟设计、基底修复、多样化生境营造等技术手段，构建三大分区："湿地净化展示区"、"盐沼湿地恢复区"和"自然湿地引鸟区"（图 4.3-3），形成以海三棱藨草、糙叶苔草、芦苇等为优势种和建群种的滨海湿地生态系统，同时为近岸鸟类、水生动物提供重要的生态栖息地。湿地三大分区的具体布置和作用分别为：

（1）湿地净化展示区为整个生态修复区的起点，采取以"生态沉淀—强化净化—清水涵养"为主旨的多级生态净化设计理念，构建以"生态前置库—苇草型表流人工湿地—清水涵养塘"为核心的复合生态净化技术体系。

（2）盐沼湿地恢复区是介于陆域和海洋之间的生态缓冲区域，采用两座弧形液压坝来调控上游来水，控制湿地漫水过程，模拟潮汐作用；在岸滩区通过"基底调控—潮沟构建—边坡防护"等措施来确保形成有利于盐沼植物快速恢复的生境条件；在此基础上，引种杭州湾本地盐沼植物芦苇、海三棱藨草、香蒲、糙叶苔草、灯芯草等，并根据潮滩高程对植物空间格局进行合理配置。

（3）自然湿地引鸟区采用丰富多样的生境设计，主要包括乔灌木林、耐盐草场、淤泥浅滩、砾石滩、岸滩湿地、自由水面、植物岛丘、生态岛、深水坑、人工鱼巢、引鸟巢、浮游动物保育网等，为水生动物和鸟类提供多样化的栖息地，以利于生物多样性的提高，发挥生态效益，并达到引鸟、观鸟的目的。

鹦鹉洲湿地公园项目相关实景图见图 4.3-4 至 4.3-12。

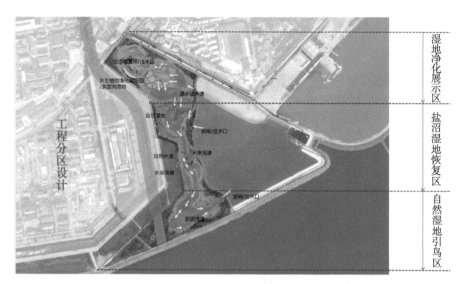

图 4.3-3　金山鹦鹉洲湿地功能区划分

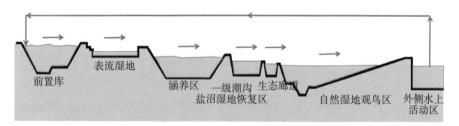

图 4.3-4　湿地工艺流程图

图 4.3-5　鹦鹉洲湿地主题雕塑

图 4.3-6　鹦鹉洲湿地建成后照片

图 4.3-7　鹦鹉洲湿地科普中心

图 4.3-8 鹦鹉洲湿地建成后的照片

图 4.3-9 科普文化廊及特色互动雕塑

图 4.3-10 清水涵养塘

图 4.3-11 生态景观跌水区不同季节景色(左边为夏季景色,右边为冬季景色)

狗牙根　狗尾草　苦苣菜

紫菀　蒲公英　一年蓬

紫穗槐　香蒲　海三棱藨草

图 4.3-12　生态植被恢复区

　　2016 年 12 月底,鹦鹉洲湿地施工完成并投入运行,经过对水质指标的长期观测和比对,证明湿地具有较强的水质净化能力,与设计来水水质相比,总的削减率:固体悬浮物为 49.0%～74.5%,无机氮为 96.2%～99.0%,活性磷酸盐为 34.0%～96.0%,均达到了设计目标。

4.4　青岛市李沧区李村河上游(一期)综合治理工程

4.4.1　项目概况

　　李村河是青岛市李沧区的一条主要河流,也是市区主要的防洪排涝河道,全长

17 km,李村河主干流发源于崂山山脉李沧区内的石门山麓,流经李村至曲哥庄桥与张村河交汇,从胜利桥流入胶州湾。李村河上游综合治理工程以"建设宜居青岛、打造幸福城市"为目标,一期工程西起青银高速公路、东至青岛酒店管理职业技术学院,长度约 4 km,上下游高差约 21 m。河道整治总宽度(含两侧道路、绿化带)约 100~170 m,其中河床宽度为 40~70 m,主河道按照 50 年一遇、支流按照 20 年一遇的防洪标准设计。一期工程由上海兰斯凯普城市景观设计有限公司设计,项目坚持"低碳、环保、绿色、生态"的可持续发展理念,结合季节性河流特征,提出综合利用河床的低碳理念,形成蓄水与非蓄水段的景观特征,减少蓄水面积,大量减少了水的补充,形成多自然的景观河道,打造环境优美、景观鲜明、系统完善、生活休闲的生态城区,通过建设滨河生态长廊,打造有机串联、独具特色、赏心悦目的城市绿色廊道,彰显生态绿水特色。

4.4.2　设计策略和方法

（1）强化防洪功能

设计方案依托河道的自然特性,采用拓宽河道、深挖清淤、砌筑水坝等形式,提高河道防洪标准,增强河道蓄水能力,做到旱季蓄水充足、汛期行洪通畅。以往每到汛期,全河段昼夜巡查防汛的局面得以彻底改观,人民的生命财产安全得到有效保护。

（2）突出生态功能

设计方案打破了标准河道断面、硬质驳岸、单一绿地等传统模式,最大限度地减少了水利拦水坝的数量及投资,分别形成了蓄水段湖面与非蓄水段湿地公园的景观特征。非蓄水段河床被修复为自然和方便游憩的大公园,滨河绿地空间也得到了拓展。河岸线自然,河道横断面富于变化,河道有冲有淤、坡度有急有缓,促进自然循环。在不同的河道,均有与之相适应的植物、动物生存,力求植物造景、自然造景,有效改善了河道周边生态环境,提升了城市景观水平。充分利用河床,还可以极大地扩大绿化范围,在河床底部,通过种植芦苇、菖蒲等耐水植物,增加鸟类、鱼类活动的湿地空间,极大地改善了城市生态环境。

（3）提升亲水功能

设计方案重点提升了人与水的亲和功能,强调人性化设计。通过综合利用河床,可以进行整体的地貌设计,适当穿插小径,同时将流动的小股河水转化为动态溪流景观,配合大水面形成景观丰富、形态各异的亲水环境,而且河床有地貌丘陵、植被和溪流,景观效果很理想。河床宽阔的腹地可以设置活动广场、健身场地、景观桥梁、亲水平台、自然溪流等内容,打造一条水清、岸绿、景美且人与自然和谐相处的滨水景观长廊。市民可步行游憩,也可戏水休闲。群众活动可以在此展开,能够极大地完善公园功能,达到"以人为本""天人合一"及可持续发展的设计目标。

李村河上游(一期)综合治理工程项目相关实景图见图 4.4-1 至图 4.4-6。

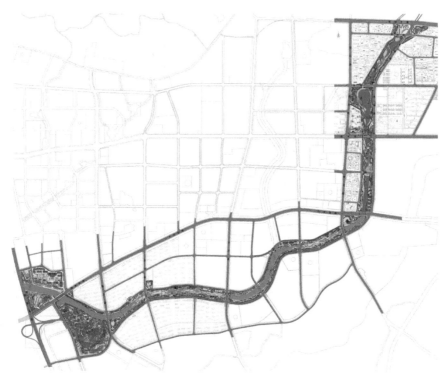

图 4.4-1　李村河上游(一期)综合治理工程平面布置图

图 4.4-2　营造自然跌水景观

图 4.4-3 河床湿地景观

图 4.4-4 蓄水河段景观

图 4.4-5　多级跌水景观

图 4.4-6　亲水互动设施

4.5 上海青浦区环城水系公园

4.5.1 项目概况

上海市青浦区环城水系公园依托93个湖泊、1934条河道的自然景观打造而成,是一座没有"围墙"的城市公园,它由淀浦河、油墩港、上达河和西大盈港等4条环绕老城区、新城核心区域共约21 km的骨干河道及两岸景观组成,在平面上形成了"一环、四纵、八核"的空间布局,总的建设面积为150万m²。该工程新建内、外两环约43 km的滨水绿道,水岸全部贯通开放,形成200万m²开放的公共活动空间。见图4.5-1和图4.5-2。

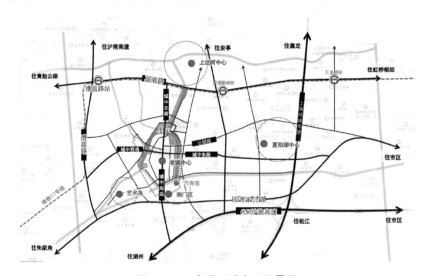

图4.5-1 青浦环城水系位置图

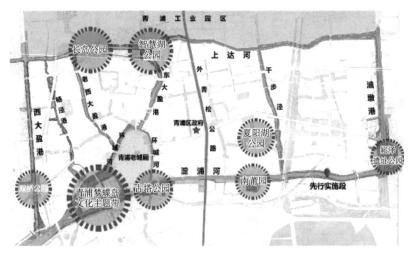

图4.5-2 青浦环城水系总体布局图

4.5.2　设计策略和方法

青浦区水资源丰富,河道纵横交错,是具有江南历史文化特色的生态型水乡都市。青浦区的城市建设目标以"产城一体、水城融合"为理念,建设蓝、绿、城高度融合的"绿色水城",打造具有"水乡文化"和"历史文化"内涵的生态宜居城市。环城水系公园由上海华建集团设计,设计策略是通过环城水系整治、滨水空间开发和重要节点建设等措施,打造"五位一体"(即防洪排涝、生态景观、文化旅游、休闲娱乐和城市形象)的城市滨水空间,重塑上海水城,找回青浦乡愁。设计理念是以"玉链串珠,水舞蝶城"来打造"水韵名城,秀色青浦",根据 4 条骨干河道形成的环青浦城水系,从"水"着手,通过河道绿化、通道系统、观光流线、文化商业脉络的打造,整体提升沿岸风貌,使之形成一条环绕城区的"玉链"并串联起新建和已有的"青浦八景",形成一个完整的城市水系和景观体系,达到串联景点、突出文化、服务市民、提升城市的设计目的。

(1)基于亲水生态护岸改造及新建

项目范围内的河道既是青浦中心城区骨干排水通道,也是重要的内河通航河道,护岸形式大部分为直立硬质护岸。适合居民活动的滨水空间既要有亲水性、观赏性,还要有生态净化功能。因此,结合各区段的功能定位,在满足防洪、通航要求的基础上,对护岸进行生态、景观改造,全线新建及改建护岸总长 28 km,其中生态护岸 23.5 km。

(2)基于生态的滨水湿地营建

项目在"还岸于民"的滨水空间改造时,利用部分河段陆域腹地开阔处,以及两河交叉的河口,构建生态湿地,提高河道调蓄能力,改善河道水质。例如,油墩港西侧高压线架空段下部,改造时将河道防洪闭合线后退,原河口线处的护岸结构改造为消浪墩,并辅以耐冲刷植物,形成湿地外部的屏障,原河口线至新岸坡采用自然生态平缓的岸坡形式,在保证岸坡稳定的同时,还为多样化水生动植物提供了生存栖息的环境。在洋泾港与漕河河口段有一片未利用地,可利用该区域构建生态湿地,利用生态系统逐级削减污染物,实现对水体的净化,逐步恢复本地区生物多样性,起到蓄积洪水、调节气候的作用;同时,新建约 1 600 亩的绿地、林地,形成绿网,为城市生态可持续性奠定了基础。

(3)历史与特色文化的展示和再现

历史文化最能赋予滨水空间可阅读性。青浦区城厢镇有悠久的历史文化和水乡文化。在老城厢位置,淀浦河侧在历史上有水城门直通城内,现如今已填堵成市政道路。在老城厢西侧,由老环城河、淀浦河、漕港河三水环绕围合而成岛状陆域,这是淀浦河进入新城范围的重要口门,所以利用其优越的地理位置,在漕港河重新打造一座水城门,再现青浦的古城文化和同俗风情。在老城厢对岸,淀浦河南岸,有一座万寿塔,拟利用古塔及周边地块打造古塔公园。另外,桥是江南特有的水乡文化之一,为保证环城水系两岸滨水道路环通,河道支河口需新建桥梁26座,因此将青浦特有的"石料、石雕、流线"等古桥文化特征融入设计方案中,拱桥以青浦历史名人的字或号为名,平桥以传统诗词中有水乡特色或有故事的字词为名,供游人赏玩回味每一座桥梁背后的故事。

青浦区环城水系公园项目相关实景图见图 4.5-3 至图 4.5-5。

图 4.5-3　标志性建筑——水城门

图 4.5-4　全国重点文物保护单位——万寿塔(古塔公园)

图 4.5-5　崧泽遗址公园

（4）运动休闲等多功能植入

"还岸于民"的滨水空间更新改造最重要的是为市民提供了休闲活动、运动健身的公共场所。一方面,结合防汛通道建设,在环城水系两岸 43 km 实现滨水绿道环通,打造环城半程马拉松环路;另一方面,结合重要节点设置和既有历史文化遗存,重点打造古塔公园、崧泽遗址公园、梦蝶岛、长岛公园、双桥公园、智慧湖公园等大型滨水活动空间,丰富居民的多彩生活。其中,在智慧湖公园设置水幕庆典广场,以活动庆典为主;梦蝶岛、双桥公园以满足居民日常休憩、运动休闲为主。另外,结合 15 分钟生活圈的要求,新建了25 处网球场、篮球场、极限运动等运动场地。

环城水系公园现已成为青浦的文化品牌和品质象征,在这里,人们可看到历史的遗迹,可欣赏到青浦的过去与现在的完美结合。依据青浦文化局提供的历史文化素材,已梳理出序列展示条件的文化题材。例如,油墩港以体现青浦崧泽文化为主,通过故事场景再现的设计手法,展示传统农业耕种方式以及先民开拓、耕耘的务农场景;淀浦河以体现青浦水文化、漕运文化为主,讲述了五浦汇聚及青浦由来的历史故事。设计方案提取古代水城门的建造形态,利用现代的设计手法,将其作为青浦主城的城市地标和展示窗口;上达河和西大盈港以体现青浦工业文明和传统特色体育项目(赛龙舟、摇快船、牛角镋舞、武术等)为主,结合广场空间凸显人文关怀。见图 4.5-6 至图 4.5-11。

图 4.5-6　油墩港——绿色水城

图 4.5-7　西大盈港——运动水城

图 4.5-8　上达河——活力水城

图 4.5-9　长岛公园

图 4.5-10　江南独有的拳种——船拳

图 4.5-11　青浦非物质文化遗产——阿婆茶和田山歌

4.6　江苏宿迁马陵河综合治理

4.6.1　项目概况

　　江苏省宿迁市的生态本底良好,是全国文明城市、国家卫生城市和江苏省生态园林城市。近年来,宿迁市深耕精筑"江苏生态大公园",已经基本形成了"一河、两湖、三片、四廊、多点"的水生态建设总体格局。见图 4.6-1。

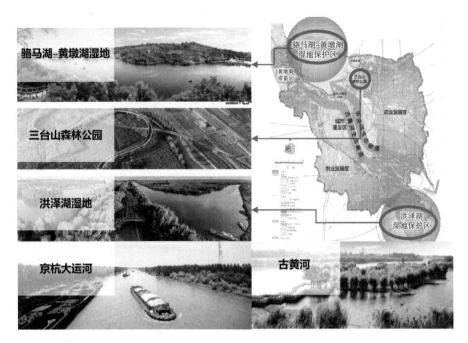

图 4.6-1　宿迁市总体生态格局示意图

　　马陵河位于宿迁市老城区东部,处于古黄河和京杭大运河之间(图 4.6-2),是宿迁市的母亲河,1974 年由人工开挖而成,开挖时的主要功能定位为排涝河道。河道从北部中

图 4.6-2　马陵河地理位置示意图

运河出发,南端到城南排涝泵站截止,全长 5.2 km,汇水面积为 11.6 km²,是周围诸多小区的重要受纳水体。在实施马陵河水环境综合整治工程之前,河道沿线排污管渠虽然已经进行了截污改造,但设计截流倍数偏低,在降雨时期,含有大量污染物的初期雨水仍可排入马陵河,而且沿线居民和商家污水直排入河的现象依然存在,导致马陵河污染负荷大,并造成水体黑臭现象。

4.6.2 设计策略和方法

马陵河水环境综合整治工程坚持系统思维,统筹考虑水安全、水环境、水生态、水景观和水资源方案,运用水利、环保、生态等技术,在提升片区排水防涝能力的基础上,结合河道两侧老旧小区进行雨污分流改造及水污染治理,解决了马陵河的黑臭问题,大幅减少初雨污染和合流制溢流污染,提升了河道生态性和景观性,最终实现了"水清可观、岸绿可憩、景美可赏"的景象。

（1）水安全方案

针对马陵河周边内涝风险较高、存在易淹易涝等问题,通过管网改造,提升雨水管网及泵站排水能力;针对马陵河西高东低、北高南低的地势特点,采取高水高排策略,在马陵河北段设置高水通道,及时排出涝水;充分运用海绵城市的理念,沿河设置生态湿地、生态调蓄设施等提升雨水的调蓄能力。见图 4.6-3。

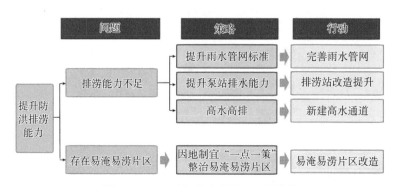

图 4.6-3 马陵河水安全治理系统路线

（2）水环境方案

马陵河周边分布着部分棚户区、城中村,雨污水管网不完善,存在雨污混接、管网错漏乱接、管网未覆盖等问题,应加强干支管网改造、持续开展错漏接改造、提升泵站建设等,不断完善马陵河排水管网收集系统。针对马陵河两岸老旧小区单元地块内部雨污混流等问题,对两岸小区全面实施管网改造,实现雨污分流。近期暂无雨污分流改造实施条件的地区,可采取临时截流措施,截流污水;针对初雨入河污染问题,通过建设初雨调蓄池、沿河植草沟、下凹式绿地等设施截流、处理初雨,削减初雨入河污染;针对河道沿线商户污水倾倒入河等问题,应加强"散乱污"行业治理,落实排水许可证制度。水环境治理技术路线图见图 4.6-4。

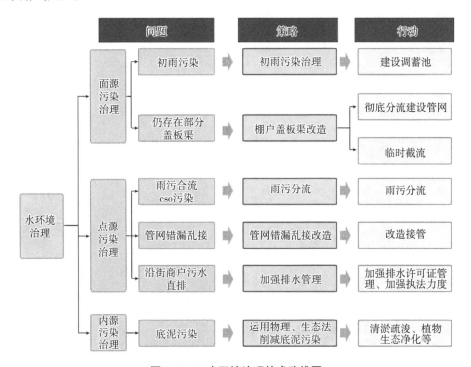

图 4.6-4 水环境治理技术路线图

马陵河综合整治工程充分运用海绵城市理念,利用多功能调蓄水体(景观湖)、雨水湿地、初期雨水弃流设施等低影响开发设施进行径流雨水渗透、储存、转输与截污净化,实现径流总量减排、内涝防治、径流污染治理、雨水资源化利用等多重目标,并通过生态堤岸、人工土壤渗滤与中水湿地循环净化等保障了景观水体的水质。见图 4.6-5。

图 4.6-5 植草沟与下凹绿地实景图

(3)水生态方案

马陵河未治理前,河道断面形式均为"三面光",景观性、生态性较差。遵循生态、低碳、自然的原则,结合马陵河水深、水位变化、河滨绿地空间等条件,进行马陵河沿线水体生态修复,恢复河道生态净化功能。通过沉水植物综合净化,以及底泥和水中微生物与水生动物配合作用,快速降解水中的有害物质。结合湿塘、景观调蓄水体、渗滞型调蓄等海绵设施,以及市民亲水的景观需求,设置浅水区湿地、深水湖塘等不同形式的水面,创造多样化的水生动植物栖息地,有利于河道自净能力恢复。马陵河水生态治理效果见图4.6-6。

图4.6-6 马陵河水生态治理效果照片

(4)水景观方案

沿马陵河两岸设置公园林地、浅水区湿地、深水区等不同的水文景观,体现了植物的多样性,达到动物生境多样性,同时打造优美宜人的城市滨水生态景观。见图4.6-7。

图 4.6-7　马陵河城市广场段水景观照片

(5)水资源方案

结合马陵河两侧场地条件,通过因地制宜布设海绵城市设施等多种手段调蓄、利用雨水。雨水会用于两侧绿化浇洒、两侧小区内部居民日常使用等多种场景,提升了雨水资源化利用效率。

经过综合治理,原本黑臭的马陵河已经变成了"生态河、景观带、南北大通道",成为宿迁市的生态新名片。

4.7　上海浦东新区丰海路滨河景观带

4.7.1　项目概况

丰海路滨河景观带位于上海市浦东新区惠南镇,由隧道股份上海市城建设计集团设计。项目基地长约700 m,宽约40 m,为狭长带状地块。项目西侧为宽度约40 m的腰沟河,东侧为丰海路。场地北段紧邻复旦大学太平洋金融学院,南段靠近长城珑湾综合社区,长城珑湾汇集花园洋房、小高层公寓、商业、办公、星级酒店于一体,总建筑面积约23万m²,是惠南镇第一个大型综合居住社区。

4.7.2　设计策略和方法

作为上海地区很常见的小河道边绿化带,丰海路绿地并没有很好的基础条件,现场内约有 10 000 m³ 的建筑垃圾散乱堆放(见图 4.7-1),在整体面积并不大的情况下,如此大量的建筑垃圾肯定是一块"难啃的骨头";同时,因为工程投资有限,项目建设方要求将建筑垃圾就地处理,不可外运。看似不可能完成的任务经过设计巧妙处理后却意外成就了非常不错的景观效果。

图 4.7-1　项目建设前现场大量建筑垃圾及弃土

（1）因地制宜,分析需求

基地周边有学校及大片住宅,必然会有大量人群在滨水漫步的需求。所以,靠近水边的贯通漫步道和靠近路口的小型集散广场成了本工程必不可少的组成元素。

（2）迎难而上,变废为宝

景观项目堆坡一般会呈自然缓坡形态,根据不同土质堆砌出符合土壤自然安息角的土坡。从形态看,土坡一般为类似圆台的形状,容土量也就是圆台的体积。要解决本工程大体量的建筑垃圾,设计采用了"多层蛋糕式"堆砌方法。在地块相对宽裕的位置借助石笼进行退台式堆砌。堆砌时应注意尽量让堆坡靠近道路,远离水岸,不给驳岸造成过多的荷载负担,防止影响水岸安全;同时还要注意首层退台的宽度,因首层退台靠近人行步道,只有留出足够宽幅才能不给行人造成压抑感。

项目总平面布置图及建成后的照片见图 4.7-2,土方处理示意图见图 4.7-3。

图 4.7-2　项目总平面布置图及建成后的照片

建筑垃圾弃土土方量约为(4 100+4 510)*1.2=10 332 m³

第一层 8 200 m³
第二层 6 518 m³
第三层 4 796 m³
　　　　　　　　*0.5　　　→　　9 757 m³

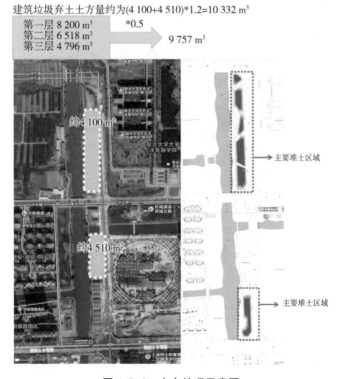

图 4.7-3　土方处理示意图

　　为减弱大量堆土挡墙带来的厚重感,人视角度最佳的一层设计为石笼挡墙。石笼是一种非常生态且能够容许动植物共存的挡墙处理形式,在最靠近行人的区域采用,能够营造一种半透的空灵感。本工程在石笼的最上层又加入了部分水蓝色玻璃体块,白天在阳光的映照下,营造出波光粼粼的灵动感,玻璃块下埋设的 LED 灯带也为石笼的夜景增色不少。项目建成后的局部照片见图 4.7-4。

图 4.7-4　项目建成后的局部照片

　　最高层堆坡距离地面 1.5 m 高,意外给予了植物一个挑高的种植台。我们都知道市政绿化工程一般不会种植大乔木,而将乔木种植于高台之上,能够提升人们的视觉感受,成了意外之喜;同时,"高台"位于市政路与滨水步道中间,形成了很好的屏障,人们在沿河漫步时可以享受静谧的空间,完全不受外围市政道路车来车往喧嚣的影响。

　　项目在有限的面积中营造出高(堆砌挑高的观景台)、中(顺接市政道路的滨水漫步道、活动小广场)、低(亲水平台)三种不同高程位置和不同观景体验的滨水空间,得到了周边群众的一致好评。项目建成后的全景见图 4.7-5。

图 4.7-5 项目建成后的全景照片

4.8 海口迈雅河生态修复项目

4.8.1 项目概况

海口迈雅河生态修复项目位于海口市北部滨海岸带,江东新区西北部,规划总面积约 568 万 m^2。项目由隧道股份海口市城建设计集团设计,拟打造"国际湿地城市"河流湿地修复的典范,全面优化提升迈雅河流域生态系统生物多样性保育、水生态安全维护、水资源供给、防洪调蓄、生态旅游、景观提升等服务功能。最终将迈雅河流域打造成为国家生态文明建设引领区、"国际湿地城市"建设展示区、江东新区都市生态服务区、人与自然和谐共生示范区。迈雅河区域生态修复项目在江东新区是一块非常宝贵的大体量城市生态绿地,对整个海口城市的生态战略发展亦有着非常重要的意义。项目总平面布置图见图 4.8-1。

图 4.8-1 项目总平面布置图

4.8.2　设计策略和方法

注重自然生境的修复：整合现状水陆空间，梳理路网和水网；修复退化的海防林，丰富现状植物品种；退渔还湿，形成完整的湿地生态体系。不开展大规模的游憩活动，但鼓励人们主动而自觉有序地参与场地活动，同时成为当地对青少年进行科普教育的很好的户外课堂。项目相关效果图见图 4.8-2 至图 4.8-4。

图 4.8-2　岸线海防林修复与生态滩涂保护效果图

图 4.8-3　核心景观区效果图

生态修复项目尤其需要注意的点是：切不可以城市公园的设计手法新增过多的人造景点；应充分利用好现有的基础条件，比如，现有的机耕道、长势良好的大树，把能利用的元素都用起来。

图 4.8-4　退渔还湿景观效果图

设计后的"千岛",疏密有致,完全新建的部分占比很少。充分利用私搭乱建的鱼塘田埂,开挖出来的鱼塘基地硬质建筑垃圾亦可用作园路的基底铺设。上图中直线条的堤顶路更是被完全利用起来,只需优化表面,即可变成该区域很好的一条观景通廊。

图 4.8-5　黄昏鸟瞰图

鸟瞰图(图 4.8-5)中能够比较清晰地看到整个项目的疏密布局:海岸线上密集的防海林,滩涂与开阔水域的自然衔接,具有净水功能的层级"千岛",周边自然散布的村落。

图 4.8-5 为最像效果图的实景照片,拍摄于项目建成不久时,新种植物还待长成,依托当时非常美好的多彩天色,可以比较清晰地看到"千岛"轮廓。项目建成后的相关效果图见图 4.8-6 至图 4.8-8。

图 4.8-6　项目建成后航拍图

图 4.8-7　项目建成后水岸照片

图 4.8-8 项目建成后水岸树林照片

生态修复项目成效如何？动物们最有发言权。海口迈雅河生态修复项目建成不久后,各种鸟类如约而至,展现出人与自然和谐共处的美好画面。

第5章

参考文献

［1］金广君.日本城市滨水区规划设计概述[J].城市规划,1994,18(4):45-49.

［2］郭红雨.城市滨水景观设计研究[J].华中建筑,1998(3):75-77.

［3］王建国.城市设计(第2版)[M].南京:东南大学出版社,2004.

［4］朱强,俞孔坚,李迪华.景观规划中的生态廊道宽度[J].生态学报,2005(9):2406-2412.

［5］朱喜钢,宋伟轩,金俭.《物权法》与城市白线制度——城市滨水空间公共权益的保护[J].规划师,2009,25(9):83-86.

［6］俞孔坚,李迪华.城市河道及滨水地带的"整治"与"美化"[J].现代城市研究,2003(5):29-32.

［7］阎水玉,王祥荣.城市河流在城市生态建设中的意义和应用方法[J].城市环境与城市生态,1999(6):36-38.

［8］日本土木学会.滨水景观设计[M].大连:大连理工大学出版社,2002.

［9］俞孔坚,张蕾,刘玉杰.城市滨水区多目标景观设计途径探索——浙江省慈溪市三灶江滨河景观设计[J].中国园林,2004(5):28-32.

［10］刘滨谊.城市滨水区景观规划设计[M].南京:东南大学出版社,2006.

［11］王平.从可持续发展的角度对城市滨水景观设计的研究[D].广东工业大学硕士学位论文,2011.

［12］杨振山,丁悦,李娟.城市可持续发展研究的国际动态评述[J].经济地理,2016,36(7):9-18.

［13］邬建国.景观生态学——格局、过程、尺度与等级(第二版)[M].北京:高等教育出版社,2007.

［14］沈志强,卢杰,华敏,等.试述生态水文学的研究进展及发展趋势[J].中国农村水利水电,2016(2):50-52+56.

［15］刘平.城市滨河绿道景观设计研究——以永清花园河滨水公园景观概念规划为例[D].北京林业大学硕士学位论文,2016.

［16］李莉,姜允芳.国内外城市河流绿道的理论与实践研究进展[J].中国人口·资源与环境,2014(S1):309-312.

［17］吕永龙,曹祥会,王尘辰.实现城市可持续发展的系统转型[J].生态学报,2019,39(4):1125-1134.

［18］俞孔坚,李迪华,吉庆萍.景观与城市的生态设计:概念与原理[J].中国园林,2001(6):8.

［19］沈士华.生态水景与湿地景观营造[M].北京:中国林业出版社,2016.

［20］江晓薇.基于生态恢复的城市滨水开放空间规划设计研究[D].浙江农林大学硕士学位论文,2012.

［21］Ward,J.V.The Four-dimensional nature of lotic ecosystem[J].Canadian Journal of Fisheries and Aquatic Sciences,1989,8(1):2-8.

［22］樊秋芸.基于生态理念的成都府南河滨水景观修复与更新研究[D].西南交通大学硕士学位论文,2017.

［23］陈文龙,杨芳,罗欢.略论中医思维在水生态修复中的运用[J].中国水利,2018(21):21-24.

［24］夏振民,张劲,易齐涛,等.烟台文教区不透水下垫面降雨径流过程污染特性分析[J].烟台大学学报(自然科学与工程版),2020,33(2):238-245.

［25］河川治理中心.滨水地区亲水设施规划设计[M].北京:中国建筑工业出版社,2005.

［26］扬·盖尔.交往与空间(第四版)[M].何人可,译.北京:中国建筑工业出版社,2002.

［27］陈六汀.滨水景观设计概论[M].武汉:华中科技大学出版社,2012.

［28］杨沛儒.生态城市主义:5种设计维度[J].世界建筑,2010(1):22-27.

［29］张庭伟,冯晖,彭治权.城市滨水区设计与开发[M].上海:同济大学出版社,2002.

［30］钱芳,金广君.基于可达的城市滨水区空间构成的句法分析[J].华中建筑,2011,29(5):109-113.

［31］黄昆山.连系与连锁:滨水城市的城市设计策略[J].城市规划,2006(3):77-80.

［32］李昌浩.面向生态城市的滨水区环境优化规划与设计研究[D].南京大学博士学位论文,2009.

［33］凯文·林奇.城市意象[M].北京:华夏出版社,2001.

［34］扬·盖尔,拉尔斯·吉姆松.新城市空间(第二版)[M].何人可,张卫,邱灿红,译.北京:中国建筑工业出版社,2003.

［35］李春涛.城市滨水景观生态空间构成[J].合肥工业大学学报(自然科学版),2008(2):241-243.

［36］鲍世行,顾孟潮.城市学与山水城市[M].北京:中国建筑工业出版社,1994.

［37］杨保军,董珂.滨水地区城市设计探讨[J].建筑学报,2007(7):7-10.

［38］朱国平,王秀茹,王敏,等.城市河流的近自然综合治理研究进展[J].中国水保持科学,2006(1):92-97.

［39］黄翼.城市滨水空间生长的自然阶梯——水作为自然要素的城市设计的结合[D].东南大学硕士学位论文,2000.

［40］河川治理中心.滨水自然景观设计理念与实践[M].刘云俊,译.北京:中国建筑工业出版社,2004.

［41］路毅.城市滨水区景观规划设计理论及应用研究[D].东北林业大学博士学位论文,2006.

［42］李玥,徐慧,谢佩琳.基于"六位一体"的城市滨水游憩空间规划[J].水利经济,2020,38(1):80-84+88.

［43］郑善文,何永,欧阳志云.我国城市总体规划生态考量的不足及对策探讨[J].规划师,2017,33(5):39-46.

［44］岳隽,王仰麟,彭建.城市河流的景观生态学研究:概念框架[J].生态学报,2005(6):1422-1429.

［45］李永祥,杨海军.河流生态修复的研究内容和方法[J].人民珠江,2006(2):16-19.

［46］王奇.基于生态恢复性的城市滨水景观设计研究[J].环境与发展,2019,31(4):206+208.

［47］史家明,范宇,胡国俊,等.基于"两规融合"的上海市国土空间"四线"管控体系研究[J].城市规划学刊,2017(S1):31-41.

［48］王颖,刘学良,魏旭红,等.区域空间规划的方法和实践初探——从"三生空间"到"三区三线"[J].城市规划学刊,2018(4):65-74.

［49］李天飞.基于城市河道综合治理下的滨水空间的规划与设计研究[D].浙江大学硕士学位论文,2020.

［50］城市土地研究学会.都市滨水区规划[M].马青,马雪梅,李殿生,译.沈阳:辽宁科学技术出版

社,2007.

［51］巩艺. 城市滨水空间景观规划设计研究[D]. 西北农林科技大学硕士学位论文,2009.

［52］李德明. 城市近水性滨水公共空间活力塑造方法研究[D]. 天津大学硕士学位论文,2011.

［53］王建国,吕志鹏. 世界城市滨水区开发建设的历史进程及其经验[J]. 城市规划,2001(7):41-46.

［54］周广坤,庄晴. 纽约滨水区域综合评估体系研究及借鉴意义[J]. 国际城市规划,2019,34(3):103-108.

［55］滕海键. 1972年美国《联邦水污染控制法》立法焦点及历史地位评析[J]. 郑州大学学报(哲学社会科学版),2016,49(5):121-128+160.

［56］吴阿娜,车越,张宏伟,等. 国内外城市河道整治的历史、现状及趋势[J]. 中国给水排水,2008(4):13-18.

［57］袁敬诚,张伶伶. 欧洲城市滨河景观规划的生态思想与实践[M]. 北京:中国建筑工业出版社,2013.

［58］赵琛,覃林,谭玲. 近十年我国城市景观生态学研究新进展[J]. 绿色科技,2014(4):60-62.

［59］王丽宏. 北宋东京汴河滨水空间商业分布及其景观研究[D]. 西安建筑科技大学硕士学位论文,2019.

［60］汪霞,李跃文. 我国古代城市理水特质的分析[J]. 华中建筑,2009,27(3):220-223.

［61］李敏,李建伟. 近年来国内城市滨水空间研究进展[J]. 云南地理环境研究,2006(2):86-90.

［62］李建伟. 城市滨水空间的发展历程[J]. 城市问题,2010(10):29-33.

［63］刘京一,吴丹子. 国外河流生态修复的实施机制比较研究与启示[J]. 中国园林,2016,32(7):121-127.

［64］戈峰. 现代生态学(第二版)[M]. 北京:科学出版社,2015.

［65］夏军,张永勇,穆兴民,等. 中国生态水文学发展趋势与重点方向[J]. 地理学报,2020,75(3):445-457.

［66］王薇,李传奇. 景观生态学在河流生态修复中的应用[J]. 中国水土保持,2003(6):36.

［67］李文华. 中国当代生态学研究[M]. 北京:科学出版社,2013.

［68］赵羿,李月辉. 实用景观生态学[M]. 北京:科学出版社,2001.

［69］蔡青. 基于景观生态学的城市空间格局演变规律分析与生态安全格局构建[D]. 湖南大学博士学位论文,2011.

［70］赵彦伟,杨志峰. 河流生态系统修复的时空尺度探讨[J]. 水土保持学报,2005(3):196-200.

［71］董哲仁. 河流生态修复的尺度格局和模型[J]. 水利学报,2006(12):1476-1481.

［72］董哲仁,孙东亚,赵进勇,等. 河流生态系统结构功能整体性概念模型[J]. 水科学进展,2010,21(4):550-559.

［73］董哲仁. 河流生态系统研究的理论框架[J]. 水利学报,2009,40(2):129-137.

［74］董哲仁,孙东亚,王俊娜,等. 河流生态学相关交叉学科进展[J]. 水利水电技术,2009,40(8):36-43.

［75］夏军,高扬,左其亭,等. 河湖水系连通特征及其利弊[J]. 地理科学进展,2012,31(1):26-31.

［76］董哲仁. 河流形态多样性与生物群落多样性[J]. 水利学报,2003(11):1-6.

［77］董哲仁,孙东亚,等. 生态水利工程原理与技术[M]. 北京:中国水利水电出版社,2007.

［78］王薇,李传奇.河流廊道与生态修复[J].水利水电技术,2003(9):56-58.

［79］王立新,刘华民,刘玉虹,等.河流景观生态学概念、理论基础与研究重点[J].湿地科学,2014,12(2):228-234.

［80］赵进勇,董哲仁,孙东亚,等.河流生态修复负反馈调节规划设计方法[J].水利水电技术,2010,41(9):10-14.

［81］朱思暮.基于生态恢复的城市滨水景观设计研究——以海宁市麻泾港滨水景观设计为例[D].浙江农林大学硕士学位论文,2018.

［82］沈思远,王欢,潘莎莎,等.城市河道植物景观结构探析——以南京秦淮河为例[J].天津农业科学,2014,20(9):126-130.

［83］钱进,王超,王沛芳,等.河湖滨岸缓冲带净污机理及适宜宽度研究进展[J].水科学进展,2009,20(1):139-144.

［84］董哲仁,等.河流生态修复[M].北京:中国水利水电出版社,2013.

［85］刘滨谊,周江.论景观水系整治中的护岸规划设计[J].中国园林,2004(3):52-55.

［86］吕永鹏,徐启新,杨凯,等.城市河流生态修复的环境价值及实现机制[J].水利学报,2010,41(3):278-285.

［87］汪冬冬,杨凯,车越,等.河段尺度的上海苏州河河岸带综合评价[J].生态学报,2010,30(13):3501-3510.

［88］龚清宇,王林超,朱琳.基于城市河流半自然化的生态防洪对策——河滨缓冲带与柔性堤岸设计导引[J].城市规划,2007(3):51-57+63.

［89］张诚,曹加杰,王凌河,等.城市水生态系统服务功能与建设的若干思考[J].水利水电技术,2010,41(7):9-13.

［90］刘兆硕.城市滨水生态廊道景观设计研究——以山东泰安明堂河、梳洗河生态修复设计为例[D].东南大学硕士学位论文,2019.

［91］白一苇.基于近自然生态修复的城市河道驳岸设计研究——以英格兰威尔特郡马登河为例[J].城市建筑,2021,18(17):151-153.

［92］张涛.基于流域生态安全理念的多尺度城市防洪排涝研究——以嘉陵江流域为例[D].重庆大学硕士学位论文,2017.

［93］陈婉.城市河道生态修复初探[D].北京林业大学硕士学位论文,2008.

［94］财团法人,河道整治中心.多自然型河流建设的施工方法及要点[M].周怀东,杜霞,李怡庭,等译.北京:中国水利水电出版社,2003.

［95］夏继红,鞠蕾,林俊强,等.河岸带适宜宽度要求与确定方法[J].河海大学学报(自然科学版),2013,41(3):229-234.

［96］董思远,许秋瑾,胡小贞,等.太湖缓冲带土地利用现状及变化[J].农业环境与发展,2012,29(4):62-64.

［97］赵霏,郭逍宇,赵文吉,等.城市河岸带土地利用和景观格局变化的生态环境效应研究——以北京市典型再生水补水河流河岸带为例[J].湿地科学,2013,11(1):100-107.

［98］夏继红.生态河岸带综合评价理论与应用研究[D].河海大学博士学位论文,2005.

［99］高阳,高甲荣,李付杰,等.基于河道-湿地-缓冲带复合指标的京郊河溪生态评价体系[J].生态学

报,2008,28(10):5149-5160.

[100] 蒋屏,董福平.河道生态治理工程——人与自然和谐相处的实践[M].北京:中国水利水电出版社,2003.

[101] 赵楠,张睿,尚磊.河流生态修复的研究内容和理论技术[J].河南水利与南水北调,2010(5):55-57.

[102] 夏继红,严忠民,蒋传丰.河岸带生态系统综合评价指标体系研究[J].水科学进展,2005(3):345-348.

[103] 陈文龙,杨芳,胡晓张,等.珠三角城镇水生态修复理论与技术实践[M].北京:中国水利水电出版社,2015.

[104] 马爽爽.基于河流健康的水系格局与连通性研究[D].南京大学硕士学位论文,2013.

[105] 王中根,李宗礼,刘昌明,等.河湖水系连通的理论探讨[J].自然资源学报,2011,26(3):523-529.

[106] 仇保兴.紧凑度和多样性——我国城市可持续发展的核心理念[J].城市规划,2006(11):18-24.

[107] 丁星昕.城市滨水景观设计策略研究——以昆明市为例[D].昆明理工大学硕士学位论文,2007.

[108] 胡卫峰.苏南城市河道滨水区生态景观设计初探[D].苏州大学硕士学位论文,2017.

[109] 于子铖,张叶,赵进勇,等.城市河流生态适宜性平面蜿蜒度确定方法研究[J].水利水电技术,2019,50(11):95-102.

[110] 杜凌霄.城市河流生态修复的设计手法图解研究[D].西安建筑科技大学硕士学位论文,2018.

[111] 牛铜钢.河流近自然化学说在河流景观规划设计中的应用[D].北京林业大学硕士学位论文,2008.

[112] 张玮,卓家军,刘博雅.顺直河道低水生态修复理念与方法[J].科学技术与工程,2015,15(16):91-95.

[113] 罗坤,蔡永立,郭纪光.崇明岛绿色河流廊道景观格局[J].长江流域资源与环境,2009,18(10):908-913.

[114] 王宏仕,周奇.景观生态学原理在堤防生态设计中的应用[J].江西水利科技,2008(2):114-116+127.

[115] 周玲.城市滨水景观设计中地域文化的体现与传承——以莆田木兰溪华林段景观设计为例[D].福建农林大学硕士学位论文,2014.

[116] 秦雯,钱锋.线性空间作为高密度环境下城市地景的启示——以高线公园和首尔清溪川为例[J].城市建筑,2021,18(1):177-182.

[117] 王凯平.城市滨水景观设计——以辽源市南部新城滨水景观设计为例[D].天津大学硕士学位论文,2013.

[118] 张思琦.基于河流生态修复理念的城市滨水空间景观设计研究[D].北京林业大学硕士学位论文,2016.

[119] 潘玉君,武友德,邹平,等.可持续发展原理[M].北京:中国社会科学出版社,2005.

[120] 牛文元.中国可持续发展的理论与实践[J].中国科学院院刊,2012,27(3):280-289.

[121] 牛文元.中国可持续发展总纲(第1卷) 中国可持续发展总论[M].北京:科学出版社,2007.

[122] 叶文虎,张辉.可持续发展与环境影响评价[J].环境保护,2012(22):34-36.

[123] 林玉莲,胡正凡.环境心理学(第二版)[M].北京:中国建筑工业出版社,2012.

[124] 李道增. 环境行为学概论[M]. 北京:清华大学出版社,2007.
[125] 杨春侠,梁瑜,叶宇. 基于可视化 SP 法的滨水公共空间驻留偏好影响要素和开发导向研究——以上海市黄浦江滨水区为例[J]. 西部人居环境学刊,2021,36(1):99-107.
[126] 李潇,黄翊. 永续·活力·传承——滨水城市设计的生态文明观[C]. 生态文明视角下的城乡规划——2008 中国城市规划年会论文集. 2008.
[127] 孔德宇,李佳. 城市滨水区域空间活力营造[J]. 吉林建筑工程学院学报,2009,26(2):63-65.
[128] 杨希. 武汉市滨湖公共空间活力提升策略研究[D]. 华中科技大学硕士学位论文,2012.
[129] 冯莹. 基于生态理念的城市滨水空间活力营造初探[D]. 东南大学硕士学位论文,2016.
[130] 王裔婷. 尊重场地特征的城市公园规划设计教学研究[J]. 大学教育,2018(2):7-10.
[131] 姜忠国. 城市滨水空间活力营造的设计途径研究——以山东招远金泉河滨水空间景观设计为例[D]. 北京林业大学硕士学位论文,2020.
[132] 冼宁,方虹博. 简述城市滨水空间景观人性化设计[J]. 设计,2017(13):68-69.
[133] 温荣玢. 论环境行为学对景观设计的启示[J]. 山西建筑,2011,37(25):22-23.
[134] 汪洁琼,李心蕊,王敏,等. 基于水鸟栖息地保育的城市滨水生境网络构建与优化策略:以昆山市为例[J]. 风景园林,2021,28(6):76-81.
[135] 袁兴中,贾恩睿,刘杨靖,等. 河流生命的回归——基于生物多样性提升的城市河流生态系统修复[J]. 风景园林,2020,27(8):29-34.
[136] 蒙倩彬. 基于生物多样性保护的城市生态廊道研究[D]. 北京林业大学硕士学位论文,2016.
[137] 夏蕴强. 长三角平原水网地区乡村植物群落保育评价与优化设计研究[D]. 上海交通大学硕士学位论文,2018.
[138] 丁玲,李羚君,李剑峰,等. 沉水植物净化人工水源湖原水中氮磷和悬浮物的试验研究[J]. 生态环境学报,2018,27(1):122-129.
[139] 刘淼,陈开宁. 植物配置与进水碳氮比对沉水植物塘水质净化效果的影响[J]. 环境科学,2018,39(6):2706-2714.
[140] 陈荷生. 太湖生态修复治理工程[J]. 长江流域资源与环境,2001(2):173-178.
[141] 刘晶,秦玉洁,丘焱伦,等. 生物操纵理论与技术在富营养化湖泊治理中的应用[J]. 生态科学,2005(2):188-192.
[142] 黄沛生. 太湖消浪工程对沉积物再悬浮的抑制效应及其对水体营养结构的影响[D]. 暨南大学硕士学位论文,2005.
[143] 王瑞宁,王淼,衣萌萌,等. 富营养化水体底泥污染状况及修复技术研究进展[J]. 现代农业科技,2020(1):169-172.
[144] 王化可,李文达,陈发扬. 富营养化水体底泥污染控制及生物修复技术探讨[J]. 能源与环境,2006(1):15-18.
[145] 沈韫芬,章宗涉,龚循矩,等. 微型生物检测新技术[M]. 北京:中国建筑工业出版社,1990.
[146] 田伟君. 河流微污染水体的直接生物强化净化机理与试验研究[D]. 河海大学博士学位论文,2005.
[147] 焦燕. 南方典型重污染城市内河河水联合生物处理技术研究[D]. 哈尔滨大学博士学位论文,2010.

[148] 吴建强,黄沈发,阮晓红,等.江苏新沂河河漫滩表面流人工湿地对污染河水的净化试验[J].湖泊科学,2006(3):238-242.

[149] 郭萧,叶许春,赵安娜,等.梯级河滩湿地模型对受污染河水氮磷和COD$_{cr}$的净化效果[J].生态环境学报,2010,19(7):1710-1714.

[150] 李先宁,宋海亮,朱光灿,等.组合型浮床生态系统的构建及其改善湖泊水源地水质的效果[J].湖泊科学,2007(4):367-372.

[151] 董悦,张饮江,王聪,等.2种水质评价方法对上海世博会后滩生态水系水质的评价效果[J].江苏农业科学,2013,41(1):348-351.

[152] 吴寻.城市滨水区改造与生态恢复——上海苏州河梦清园规划设计[J].安徽建筑,2013,20(3):46-47.

[153] 李琳,岳春雷,张华,等.不同沉水植物净水能力与植株体细菌群落组成相关性[J].环境科学,2019,40(11):4962-4970.

[154] 谢华辉,包志毅.城市水体生态区野生生物栖息地植物景观设计初探[J].湖南林业科技.2006(1):21-25.

[155] 宋扬.杭州市乡村河道景观植物配置模式[J].福建林业科技,2016,43(2):234-237.

[156] 王敏,吴建强,黄沈发,等.不同坡度缓冲带径流污染净化效果及其最佳宽度[J].生态学报,2008,28(10):4951-4956.

[157] 杨雪,王志勇.迁安三里河滨水缓冲带雨水径流及污染物消减效果与设计优化[J].生态学报,2019(16):6029-6039.

[158] 刘平,马履一,郝亦荣.生态垫对河滩造林地土壤温湿度和杂草的影响[J].中国水土保持科学,2005(1):77-81.

[159] 王超,王沛芳,唐劲松,等.河道沿岸芦苇带对氨氮的削减特性研究[J].水科学进展,2003(3):311-317.

[160] 刘其根,张真.富营养化湖泊中的鲢、鳙控藻问题:争议与共识[J].湖泊科学,2016,28(3):463-475.

[161] 王晓平,王玉兵,杨桂军,等.不同鱼类对沉水植物生长的影响[J].湖泊科学,2016,28(6):1354-1360.

[162] 崔德才,胡锋.曝气复合式生态浮床强化修复污水厂尾水的试验研究[J].节水灌溉,2012(10):18-20.

[163] 朱伟,李耀庭.镇江城市水环境质量问题以及改善措施的探讨[C].首届长三角科技论坛——水利生态修复理论与实践论文集.2004:111-117.

[164] 曾宇,秦松.光合细菌法在水处理中的应用[J].城市环境与城市生态,2000,13(6):29-31.

[165] 陈谊,孙宝盛,孙井梅,等.投菌法处理微污染河水的试验研究[J].水处理技术,2009,35(2):35-38.

[166] 汪志明.植物措施在城市生态河道的应用研究——以浙江海宁生态河道建设为例[D].浙江大学硕士学位论文,2012.

[167] 傅建彬.浅析水生植物在生态河道中的作用与选择[J].上海水务,2007(9):30-32.

[168] 朱广一,冯煜荣,詹根祥,等.人工曝气复氧整治污染河流[J].城市环境与城市生态,2004(3):

30-32.

[169] 丁永良,黄一心,张明华,等.上海市苏州河增氧船的增氧设备[J].现代渔业信息,2001(9):3-7.

[170] 许萍,何俊超,张建强,等.生物滞留强化脱氮除磷技术研究进展[J].环境工程,2015,33(11):
21-25+30.

[171] 周战胜.浅谈滨水景观设计中植物的应用[J].现代园艺,2013(10):88.

[172] 张敬.海绵城市理念在河道治理中的应用构想[J].中国水运(下半月),2015,15(9):191+220.

[173] 梁永祥.海绵城市景观建设如何与城市快速发展协调——以新加坡碧山宏茂桥公园与加冷河修
复为例[J].科技创新与应用,2016(19):252.

[174] 汉京超,王红武,张善发,等.城市雨洪调蓄利用的理念与实践[J].安全与环境学报,2011,11(6):
223-227.

[175] 杨阳,林广思.海绵城市概念与思想[J].南方建筑,2015(3):59-64.

[176] 俞孔坚.海绵城市的三大关键策略:消纳、减速与适应[J].南方建筑,2015(3):4-7.

[177] 吴漫,陈东田,郭春君,等.通过水生态修复弹性应对雨洪的公园设计研究——以新加坡加冷河—
碧山宏茂桥公园为例[J].华中建筑.2020,38(7):73-76.

[178] 孟岭超.基于"海绵城市"理念下的城市生态景观重塑研究[D].河南大学硕士学位论文,2015.

[179] 李堃.基于雨水安全集蓄与利用的滨岸带景观规划设计研究——以桂林漓江为例[D].北京林业
大学硕士学位论文,2016.

[180] 王建龙,车伍,易红星.基于低影响开发的城市雨洪控制与利用方法[J].中国给水排水,2009,
25(14):6-9+16.

[181] 郭选昌,曾利荣.从城市湿地公园景观设计看生态设计理念与原则——以重庆璧山观音塘湿地公
园为例[J].生态经济,2014,30(5):196-199.

[182] 辛明浩.基于"3R"理念的小城镇滨水景观设计方法研究[D].华中科技大学硕士学位论文,2013.

[183] 蔡婷婷,梅娟,马娱,等.蓄洪公园及河滩湿地建设对河道景观的重要意义探究[C].中国风景园林
学会 2014 年会论文集(上册),2014:255-261.

[184] 吴伟.城市特色——历史风貌与滨水景观[M].上海:同济大学出版社,2009.

[185] 张琳,肖晓.城市滨水景观设计中对地域文化的应用及推广[J].美与时代(城市版),2015(7):
35-36.

[186] 张妍,张耀.滨水景观乡土化的应用研究——以广州中山岐江公园为例[J].大众文艺,2019(21):
110-111.

[187] 舒志君.基于地域文化表达的广州市上横沥城市滨水景观带规划设计[D].福建农林大学硕士学
位论文,2016.

[188] 于洋.地域文化在运河景观设计中的应用——以京杭大运河徐州段滨水景观设计为例[D].中国
林业科学研究院硕士学位论文,2013.

[189] 俞孔坚,庞伟.理解设计:中山岐江公园工业旧址再利用[J].建筑学报,2002(8):47-52.

[190] 谢琦.关于滨海港口区域的景观规划设计探讨[J].建材与装饰,2019(25):104-105.

[191] 黄燕瑜.城市滨水空间工业废弃地景观再生策略研究——以厦门岛西北门户片区为例[J].园林,
2020(12):46-53.

[192] 霍兰.伦敦金丝雀码头废弃港口上重生的金融帝国[J].城市地理,2020(6):66-73.

[193] 苗行健. 工业遗产景观中场所精神的延续与再生[J]. 工程技术研究,2021,6(5):248-250.

[194] 杨怡萌. 体现地域文化的滨水景观设计研究[D]. 中央美术学院硕士学位论文,2007.

[195] 周玲. 城市滨水景观设计中地域文化的体现与传承——以莆田木兰溪华林段景观设计为例[D]. 福建农林大学硕士学位论文,2014.

[196] 胡雪媛,裴鸿菲. "天人合一"思想在城市防洪景观设计中的探索——武汉市汉口江滩的理性选择[J]. 华中建筑,2015,33(1):81-86.

[197] 张然. 基于历史文脉的滨河区更新策略研究——以福泉市沙河滨河区更新设计为例[D]. 贵州大学硕士学位论文,2016.

[198] 吕鑫源. 生态和谐视角下安康城市滨水公共空间设计策略研究[D]. 长安大学硕士学位论文,2019.

[199] 李华治. 世界级滨水区工业遗产更新策划思考——以杨树浦电厂为例[J]. 城乡规划,2020(6):28-36.

[200] 冷红,袁青. 韩国首尔清溪川复兴改造[J]. 国际城市规划,2007(4):43-47.

[201] 朱芳. 展现城市性格和历史精神的载体——浅谈汶河滨水景观设计中的文化再生塑造[J]. 美与时代(上),2013(1):60-61.

[202] 胡亚芳. 基于地域特征的城市滨水区景观规划研究——以绍兴镜湖新区为例[D]. 浙江大学硕士学位论文,2011.

[203] 郭二辉,孙然好,陈利顶. 河岸植被缓冲带主要生态服务功能研究的现状与展望[J]. 生态学杂志,2011,30(8):1830-1837.

[204] 张倩妮,陈永华,杨皓然,等. 29种水生植物对农村生活污水净化能力研究[J]. 农业资源与环境学报,2019,36(3):392-402.

[205] 郑洁敏,牛天新,陈煜初,等. 三十九种观赏挺水植物应用于人工浮岛水质净化潜力的比较[J]. 北方园艺,2013(6):72-76.

[206] 李琳,岳春雷,张华,等. 不同沉水植物净水能力与植株体细菌群落组成相关性[J]. 环境科学,2019,40(11),4962-4970.

[207] 梁雪,贺锋,徐栋,等. 人工湿地植物的功能与选择[J]. 水生态学杂志,2013,33(1):131-138.

[208] 牛文元. 可持续发展理论内涵的三元素[J]. 中国科学院院刊,2014,29(4):410-415.

[209] 王珊. 城市滨水景观设计与实践研究——以西安浐灞生态区灞柳西路滨河公园为例[D]. 西安建筑科技大学硕士学位论文,2012.

[210] 高钰. 江南水网城市滨水公共空间要素的"有机选择"与重构[D]. 苏州科技大学硕士学位论文,2008.

[211] 牛慧. 基于生态系统服务理论的城市河流廊道景观规划设计——以北京怀柔科学城沙河滨水公园为例[D]. 北京林业大学硕士学位论文,2020.

[212] 戈弋. 苏南乡村水域生态安全格局构建策略研究[D]. 苏州科技大学硕士学位论文,2016.

[213] 陈庆江,季永兴. 平原河网城市滨水空间更新改造实践——以上海青浦环城水系公园为例[J]. 上海城市规划,2020(3):69-74.

[214] 郭青. 都市滨水空间尺度研究——以合肥滨湖新区滨水区设计为例[D]. 天津大学硕士学位论文,2012.

［215］曾媛,闻亚,金花.材料在现代环境设计中的应用与创新——以池州香格里拉滨河公园景观设计
　　　为例[D].赤峰学院学报(自然科学版),2015,31(22):192-194.

［216］夏飞.生态材料在城市景观设计中的运用研究[D].东南大学硕士学位论文,2019.

［217］于子铖.河道适宜蜿蜒度的研究与分析——以北京市南沙河为例[D].河北农业大学硕士学位论
　　　文,2019.

［218］吴振斌,等.水生植物与水体生态修复[M].北京:科学出版社,2017.

［219］唐艳红.城市设计的生态观与文化观——兼谈可持续的景观设计原则[J].中国园林,2014,30
　　　(3):54-58.